TANJI LUSE YINSHUA

GANZAO JISHU YANJIU

碳基绿色印刷干燥技术研究

张明鸣 杨 梅 著

文化发展出版社
Cultural Development Press
· 北京 ·

内容提要

本书分为6章，从印刷机上光油干燥需求出发，内容涵盖了碳基电热材料的基本知识、碳基材料作为印刷机干燥源的制备方法与工艺、碳基发热板的导电性能和电热性能研究、干燥系统的控制策略研究、干燥控制系统的软硬件设计与实现。本书提供了详细的设计方法和实验数据，给出了多种系统实现方案与策略。

本书可供从事印刷设备干燥系统设计与研究的相关人员参考，也可作为印刷机械工程类专业学生的学习参考资料。

图书在版编目（CIP）数据

碳基绿色印刷干燥技术研究 / 张明鸣，杨梅著 . — 北京：文化发展出版社，2023.11

ISBN 978-7-5142-4099-3

Ⅰ．①碳… Ⅱ．①张… ②杨… Ⅲ．①印刷术－干燥－研究 Ⅳ．① TS805

中国国家版本馆 CIP 数据核字 (2023) 第 194078 号

碳基绿色印刷干燥技术研究

张明鸣　杨　梅　著

出 版 人：宋　娜
责任编辑：魏　欣　　　　　　责任校对：岳智勇
责任印制：邓辉明　　　　　　封面设计：韦思卓
出版发行：文化发展出版社（北京市翠微路 2 号 邮编：100036）
发行电话：010-88275993 010-88275710
网　　址：www.wenhuafazhan.com
经　　销：全国新华书店
印　　刷：北京捷迅佳彩印刷有限公司

开　　本：710mm×1000mm　1/16
字　　数：110 千字
印　　张：6.5
版　　次：2023 年 11 月第 1 版
印　　次：2023 年 11 月第 1 次印刷

定　　价：55.00 元
ＩＳＢＮ：978-7-5142-4099-3

◆ 如有印装质量问题，请与我社印制部联系　电话：010-88275720

前 言
PREFACE

印刷机中一个主要的能源消耗部分来自印刷品的干燥环节。相对于传统的水性上光油的干燥源，碳基材料更加环保和节能，目前基于碳基材料的印刷干燥技术方面的研究还较少。《碳基绿色印刷干燥技术研究》从印刷品水性上光油干燥的需求出发，分析了碳基材料的发热原理，研究了碳基材料作为印刷干燥源的制备方法与工艺，设计了基于碳基材料的印刷机干燥控制系统，解决了碳基材料应用于印刷干燥设备中的关键技术。本书以印刷机干燥部分为对象，从理论和实践的角度做了认真分析，提供了翔实的制备方案与实验数据，对于从事印刷设备干燥系统设计与研究的人员具有一定的参考价值。

本书主要包括以下内容：第 1 章是关于印刷机干燥源的介绍和碳基发热材料的概述；第 2 章阐述了碳基印刷机干燥源的制备方法与工艺；第 3 章对碳基发热板的电热原理进行研究与对比，包含石墨烯、纳米纤维、纳米球等多种碳基材料；第 4 章介绍了上光机水性上光油干燥控制系统设计与实现；第 5 章阐述了干燥系统的数学建模及干燥控制算法设计、仿真与实现；第 6 章介绍了碳基绿色印刷机干燥系统的实现与试验。

本书第 1 章由杨梅完成，第 2～6 章由张明鸣完成。本书在撰写过程中得到了北京印刷学院印刷装备北京市高等学校工程研究中心、北京印刷学院数字化印刷装备北京市重点实验室、北京印刷学院印刷机械创新团队、北京印刷学院实习工厂等单位的大力支持，在此对以上单位的支持和帮助表示衷心的感谢。本书的撰写及出版得到北京印刷学院 2020 年度校级基础研究重点项目——基于纳米碳的绿色印刷干燥设备关键技术研究（项目编号：

Ea202003）的经费支持。本书在撰写过程中还得到李晋尧教授，研究生靳露、朱茜琳、张梅蕊、樊垚淼，本科生杨逸函、张宏轩、杨昌霖等的大力帮助，在此一并表示感谢！

　　书中的数据都是以现场实验为基础，如果实验设备及所用原材料不同，实验数据与解决问题的方法也不尽相同，本书的内容仅供参考。由于时间仓促，本书难免存在一些不足之处，望广大读者批评指正。

张明鸣　杨　梅

2023 年 8 月

目 录
CONTENTS

I

第1章

水性上光机干燥概述

　　上光是印刷中一项重要的印后加工工艺，是在印刷品表面涂布无色透明的涂料，经过物理、化学反应在印刷品表面形成牢固、透明保护膜的过程[1]。上光工艺不仅可以增加印品表面的光泽度，还能减小印品图文的摩擦损失，增加印刷品的抗水性，起到保护印品图文并延长使用时间的作用。上光作为印后的一个重要环节，增加了包装印刷品的美观性、耐用性、实用性和艺术性。

　　随着上光加工在印刷包装领域应用的扩大，行业对上光油的需求量和质量要求也在不断提升。通常，上光分为涂布上光、UV上光和压光上光几种，上光油的种类主要分为溶剂型上光油、UV（Ultra Violet）上光油和水性上光油[2]。溶剂型上光油使用苯类、醇类作为溶剂，有机溶剂容易燃烧和挥发，不仅会增加上光油的消耗量，还会污染环境和危害人体健康，甚至引起爆炸等重大安全事故[3]。UV上光油挥发物少而且固化效率高，但紫外线照射干燥固化过程中会形成臭氧，污染环境并对人体皮肤有害[4]。UV上光油主要由于黏度过高令其使用受限。水性上光油由水溶性树脂和水分散型树脂组成，无毒无味，对人体和环境都非常友好[5]，并且使用水性上光油的印品可降解回收，透明性好，平整抗卷，成本低。水性上光油以水作为溶剂，其原材料容易获取，性价比更高，便于上光操作后的设备清洁，更有利于操作人员的健康。水性上光油进行上光的印品表面色彩鲜艳、光泽度高，平整度及耐磨性好，同时印后处理的灵活性以及良好的热封性，使其更广泛地被应用于与消费者饮食相关的印刷包装行业。随着社会对环保的关注，健康意识增强，未来在印刷上光方面，水性上光油将拥有巨大的发展潜力。

　　上光工艺流程分为送纸、涂布上光和干燥，涂布需要把涂层材料中的溶剂与水分挥发掉以固化涂料，干燥效果直接影响着上光质量与生产效率。

随着人们保护环境理念的更新，在上光涂料不断进步的同时，其干燥技术也得到了持续研究与发展。对水性上光油的干燥是上光工艺的重要环节，其干燥效果与速度直接影响印刷品上光的质量与效率。对于油墨和上光油，印刷领域常用的干燥方式主要有红外干燥、热风干燥、UV 干燥、微波干燥和射频干燥[6]。对于采用油性油墨和水性上光油的印刷工艺，常采用红外干燥、热风干燥方式；对于采用 UV 上光油和 UV 油墨的印刷工艺，采用 UV 干燥方式[7, 8]。水性上光涂料因其材质安全，低碳环保且上光膜层透明度好，逐步取代传统的上光涂料，成为上光复合领域不可或缺的涂料。水性上光油的干燥固化条件苛刻，其研究一直是印刷领域的技术难点，相关企业和科研院校已开展水性上光油的干燥研究。李雪峰尝试将模糊 PID 应用于基于红外线的上光油干燥系统[1]，李海超设计了基于单片机的纳米碳上光油固化控制系统[8]。

利用热风干燥水性上光油，即采用对流、传导、热风的方式将热量从上光油表面传导到内部，其干燥设备是热风烘干装置[9]。传统的水性上光机多采用红外线进行干燥，红外线干燥方法多采用红外线辐射石英灯管，将其照射到已涂布的印品上，利用辐射能加热水性上光油，使涂料干燥。涂层中的有机分子吸收能量，促使原子或基团振动，引发物质的物理与化学变化，干燥印品上光油涂层[10]。但红外灯管效率低、耗能高、寿命短。因此，选择新型低碳环保的干燥设备热源是一项关键技术[11]。若对上光油涂层采用红外灯管进行辐射干燥，容易出现上光油干燥不均匀，而且红外灯通电后有大量电能被转化成可见光，既降低能量转化率又增加光污染。这类传统的红外灯热源热效率低，耗能高。本书尝试寻找一种新的热源，取代传统水性上光油干燥热源，以提高水性上光干燥设备的性能和效率。

水性上光机的干燥系统的热源设备均来自电加热材料。传统的干燥热源电热材料分为金属和非金属两类[12]，其中金属电热材料存在易断裂、功率大、使用寿命短等缺点，非金属电热材料有碳化硅、二硅化钼、石墨等，其中碳基电热材料性能卓越。碳基电热材料主要有炭黑、石墨、碳纤维、石墨烯等。与金属材料相比，碳基电热材料质量更轻，更加耐腐蚀、耐氧化、成本低[13]，而且导电性高、热转化效率高、热量传导比高，还具有无毒无害、使用寿命长等特点，目前在除雾除霜、采暖装置等一些需要加热的场合得到深度应用[14]，如智能羽绒服、农作物干燥、电热地板、汽车座椅加热等[15]。碳基电热材料在印刷包装行业中的应用主要在于导电涂料的研究[16, 17]，目前碳基材料尚未大量应用于印后上光干燥，本书尝试在水性上光油的干燥系统中引入碳基材料，使其作为新型的发热源进行水性上光油干燥。

"电加热材料发热原理是通过给材料通以电源促使自由电子运动，因摩擦产生热量把电能转化为热能。"[18] 常见的电加热材料第一类是由金属材料制成，被广泛应用于如电热壶、电暖气、电热水器等，然而金属材料存在着耐腐蚀性较差，能量损耗大的缺点，贵重金属经济性差、性价比较低，若用于水性上光油的干燥会造成能源浪费，环境污染。电加热材料第二类是由非金属材料制成，主要有陶瓷电加热材料和碳基电加热材料[19]。陶瓷类电加热材料的熔点通常高于金属材料，不易氧化，但加热速度慢，作为加热源使干燥时间更长。碳基类电加热涂料主要包括石墨、碳纤维、富勒烯、碳纳米管、炭黑、石墨烯等，不仅质量轻、成本低，而且在力学、热学和电学等方面均有突出的性能，已成为人们重点关注的电加热材料[20]，在许多加热、保暖场合被广泛应用。

1985 年，第一个富勒烯分子在莱斯大学被 Smalley、Curl 和 Kroto 发现了，1991 年，Lijima 在日本发现多壁碳纳米管，至 2004 年，Geim 和 Novoselov 在英国通过胶带粘揭获得了近乎完美的石墨烯材料，科学家与研究者不断探索碳基材料，获得了一个个突破。经大量研究表明，大多数碳基材料的导电性、导热性、热效率、力学性能优异，适用于制备各类碳基材料电加热器。

国内的科研院所也积极投入对碳基电加热材料的研究与生产中，不断增大碳基材料的应用领域，目前在军事、航天、医疗、化工、建筑等领域都有良好的应用实例[21]。2005 年，贺福研究表明，碳纤维的电热转换率可达 90% 以上[22]，碳纤维的电热性能优异，其高效的发热率令碳纤维的应用领域广泛，如各种加热器、保暖民用和企业用品等。其后谭羽非等采用碳纤维纸研制成功电热地板，经实验发热地板通电短时间内可达 40℃，达到 94.8% 的电热转换率[23]。廖波通过研究制成了碳基材料与橡胶相混合的柔性发热材料，打开碳纳米电热材料原来只用于硬性基材的局限性[24]。李红斌通过碳纤维纸的研究于 2019 年提出碳材料的电热转换率可达 97%，相比于传统电热设备节约 15%~30% 的电能[25]，极大提高了对碳基电热材料应用的信心。科学家的研究还在继续，在碳基材料中附加各种不同材质与溶剂制备成各种复合碳基发热源，复合材料加热器发热均匀，梁善庆于 2022 年把碳纤维材料制备成木质的复合电热材料[26]。

水性上光工艺以其绿色、环保、节能、高效、附着力大、光泽度好、透明性高等优点，势必在未来的印刷包装工业的上光方面具有良好的发展前景。研究并改进水性上光机的干燥设备，有利于提高上光效率与产品质量，降低整个上光过程的能耗。采用碳基材料制备的水性上光油干燥热源，相比于金属电热材料的电热转换率更高，没有发光的能量浪费，在产生同样的干燥效果下对电能的消耗更少，更加低碳节能，无光辐射也更加环保。

水性上光干燥效果受多种因素影响，如印品本身的材质，投入的上光油的用量，印品被传输的速度，电加热室中热空气的温度、热风的流动速度等，其中热空气的温度对干燥效果影响尤为重要。要保证印刷品上光的质量，则保证干燥系统的干燥温度是重要条件之一。水性上光油的干燥固化需要在足够的温度下蒸发出水性上光油中的水分，且保证空气的流动以促进上光油的干燥。通过改变上光油干燥系统中碳基热源产生的热量多少，从而控制干燥室内的空气温度，提高印品的干燥速度，进而改进印刷品的上光效果。李海超采用正交实验法[8]，对印品干燥的三个主要影响因素即印刷速度、干燥温度、干燥室进风量进行实验研究和分析，得到干燥温度是干燥过程中的主要影响因素，进风量是次要因素，传送带印刷速度对于水性上光油干燥的影响相对较小。碳基热源的发热过程存在非线性、滞后性及稳定时间较长等诸多问题[27]，使得具体的干燥对象因上光材质与工艺要求的不同而不同，使上光干燥控制器算法的设计及控制参数的调节变得困难。针对不同的被控对象，设计合理的控制策略，实现上光油干燥固化的良好控制，是上光机干燥系统研究的重要方向[28]。为了保持干燥系统被控对象的多样性，采用合理的控制器设计方法也是一种改善上述问题的途径，本书在这方面做了相关尝试。

伴随着碳中和、碳达峰政策要求的提出，印刷包装行业在环保节能方面做了各种研究。碳基电加热材料因材质本身的绿色环保性，势必成为未来电热材料的发展方向，通过研究经济性能更高的碳基电热材料，来节约印刷包装行业的生产成本。碳基材料优异的电热特性，使其作为干燥热源的水性上光机干燥设备的能耗大大降低，通过对其研究促进电能的节约，减慢能源的消耗。未来，对碳基电热材料的研究还要综合考虑力学、使用寿命、工作环境等情况，碳基电热材料将会因其优良的导电性、导热性和综合性而被许多行业优先选择。

参考文献

[1] 李雪锋 . 环保节能型上光机干燥固化系统的研究 [D]. 福州 : 福建农林大学，2011:8-21.

[2] 黄俊民 . 各类上光油分析比较 [J]. 中国印刷物资商情，2005(7):40-42.

[3] 陆飚 . 上光油的种类 [J]. 今日印刷，2002(4):52.DOI:10.16004/j.cnki.pt.2002.04.025.

[4] 姜笃建 . 水性亚光印刷上光油的制备及其性能研究 [D]. 青岛 : 青岛科技大学，2019.

[5] 蔡才兴 . 绿色印刷材料：水性材料 [J]. 印刷杂志，2017(6):45-46.

[6] SAAD E，AYDEMIR C，ZSOY S A，et al. Drying Methods of the Printing Inks[J].
Journal of Graphic Engineering and Design，2021，12(2):29-37.

[7] ZUR D，DES E. Environmental Pollution Reduction by Using VOC-free Water-based
Ggravure Inks and Drying Them with a New Drying System Based on Dielectric Heating[D].
Wuppertal: Bergische Universität Wuppertal，2008:5-16.

[8] 李海超 . 基于碳纳米的绿色上光机干燥系统研究 [D]. 北京 : 北京印刷学院，2020:1-19.

[9] 胡铸生 . 我国涂装生产线概况及其发展探讨 [J]. 涂料工业，1999(7):23-26.

[10] 廉正瑜，褚治德 . 红外辐射加热干燥原理与应用 [M]. 北京 : 机械工业出版社，1996.

[11] 潘永康，王喜忠，刘相东 . 现代干燥技术 [M]. 北京 : 化学工业出版社，2007:508，550.

[12] 张兴祥，朱民儒 . 新型保温、调温功能纤维和纺织品 [J]. 产业用纺织品，1996(5):4-
7+2.

[13] 张旗，刘太奇，张庆成 . 碳基采暖电热材料研究进展 [J]. 材料导报，2018，32(S1):245-247.

[14] 涂川俊，夏金童，张文皓 . 炭系导电涂料的研究进展 [J]. 炭素技术，2004(3):31-36.

[15] 张卫鹏，肖红伟，高振江，郑志安，巨浩羽，梁珊，郑霞 . 碳纤维红外板辐射特性及
其农产品物料干燥试验 [J]. 农业工程学报，2015,31(19):285-293.

[16] 徐秋红 . 电热膜用碳基导电油墨的制备及其应用研究 [D]. 上海 : 东华大学，2016.

[17] 马晓旭，魏先福，黄蓓青，闫继芳 . 导电性填料对电热膜用导电油墨性能的影响 [J].
北京印刷学院学报，2011，19(2):16-18.

[18] 王仕东，顾宝珊，孙世清，邹卫武，李鑫，杨培燕，赵皓琦 . 电加热石墨烯薄膜
材料的制备及应用研究进展 [J]. 炭素技术,2020,39(1):24-28+34.DOI:10.14078/
j.cnki.1001-3741.2020.01.005.

[19] 丁雪瑶 . 碳纳米管 / 芳纶纤维复合纸基电致发热材料制备及性能研究 [D]. 西安 : 陕西科
技大学，2021.DOI:10.27290/d.cnki.gxbqc.2021.000174.

[20] 靳露 . 基于碳基材料的水性上光机干燥设备关键技术研究 [D]. 北京 : 北京印刷学院，
2022.

[21] 樊宝珠，刘暄 . 碳基导电填料在导电涂料中的应用专利综述 [J]. 河南科技，2018(9):57-58.

[22] 贺福 . 碳纤维的电热性能及其应用 [J]. 化工新型材料，2005(6):7-8+38.

[23] 谭羽非，赵登科 . 碳纤维电热板地板辐射供暖系统热工性能测试 [J]. 煤气与热力，

2008，28(5):26-28.

[24] 廖波．炭黑/硅橡胶复合材料热、力敏感性与电热效应研究 [D]．徐州：中国矿业大学，2012．

[25] 李红斌，房桂干，施英乔，邓拥军，沈葵忠，丁来保，韩善明，焦健，田庆文．碳纤维纸的电热性能研究 [J]．中国造纸，2019，38(3):32-36.

[26] 梁善庆，陶鑫，李善明，等．碳基木质电热复合材料制备及耐老化研究进展 [J]．复合材料学报，2022,39(4):1469-1485.

[27] 马占有．模糊 PID 控制技术在烘干炉单片机温度控制系统中的应用研究 [D]．银川：西北第二民族学院计算机科学与工程学院，2007．

[28] 申柏华，徐杜，欧阳贤峰．模糊自适应 PID 算法的贴片机多路温控系统 [J]．信息技术，2009，33(11):38-40+44.

第2章

碳基干燥源的制备方法与工艺

2.1　上光干燥的工作原理

　　上光机主要包含给纸、上光涂布压合、输送承印物、干燥固化、收纸等几个环节，工作流程如图2-1所示，其中，干燥系统是上光机的重要组成部分，其干燥效果直接影响印刷品的上光质量和最终的经济效益，因而受到业界越来越多的关注[1]。上光干燥系统主要负责快速干燥、固化那些上光涂布到印品上的上光涂料，在印品表面均匀、牢固、平整地附着上透明薄膜[2]，满足上光工艺要求。主要测定指标为光泽度差值和附着牢度这两个参数。本书研究以碳基材料为干燥热源，给上光机干燥箱内的热源通电后，发热板迅速升温散发热量，通过控制干燥箱的风机，促进箱内空气流动且温度均匀，将热风传送至印品表面，使水性上光油的水蒸气能够挥散，使印品更好地贴附于传送带上。干燥完成的水性上光油印品，从干燥箱内输出进行收取。

图2-1　上光机工作流程

2.1.1　上光干燥系统

　　上光干燥系统主要包含印品传动机构、干燥执行和检测机构。印品传动机构由电机带动传动带完成；干燥执行机构根据干燥对象的不同而不同，对应于水性上光涂料，通常采用红外干燥和热风干燥相结合的方式，加热源执行机构可以采用红外材料、金属电热材料和碳基材料[2]，风机执行机构可采用恒速电机和调速电机；检测机构主要用于温度检测、风速检测和电机转速检测，负责干燥系统中环境温度的采集、空气流动速度和电机运行的检测。

本系统设计的上光机的承印物传送带由伺服电机驱动，通过伺服驱动器改变上光材料的传输速度，如果上光机与印刷单元相连，则与前续的印刷速度相匹配。通过风速传感器检测空气流动速度，反馈给干燥系统控制器，根据干燥需求驱动变频器调节电风扇的转速，改变干燥箱内的热风速度，促进空气流动。干燥箱内安装测量热风的温度传感器，将温度信号传递给控制器，干燥控制器根据上光的工艺要求，调节碳发热板的供电电压，改变执行机构的表面供热温度，通过风扇及保温部件改变干燥箱中环境温度，促使印刷品的光油快速干燥固化 [3]。

2.1.2 碳基干燥源

碳基导电填料是添加型电热复合材料导电物质的一种，其中石墨烯、碳纳米管和碳纤维等导电填料的电热材料不仅具有良好的导电性，还具有很好的发热性能，可以快速发热 [4~7]，文献 [8] 以碳材料加热膜作为加热核心，热效率达到 98%。碳基导电填料良好的发热特性被广泛用于各类发热场合，如取暖地板、道路除冰、电热织物等 [6, 7]，但目前在印刷干燥领域的应用很少。以碳基材料制成的发热源作为上光机干燥源，因其电热原理和高发热率，相比于其他发热源或固化材料，无有毒气体释放、无明光释放，对保护工作人员健康更有利，对环境保护更有利，也便于节约更多的电能，大大减少印刷上光的能量消耗。

近年来，一些新型纳米级的碳基材料如碳纳米管、纳米碳纤维、石墨烯等 [9, 10] 也逐渐应用于电热环境中。纳米碳指的是分散相尺度至少有一维处于纳米尺度范围的各类碳同素异形体，包括石纳米碳纤维、纳米碳球、碳纳米管、石墨烯、富勒烯等 [11]。纳米级的碳基材料具有稳定性好、比表面积高、导电性高、热导率高等诸多优点，其高电热转换率与吸光性适用于电热应用，便于生产制造，对环境无污染 [12~19]，符合绿色印刷行业需求。本书以纳米碳球、碳纳米管、纳米碳纤维三种纳米碳材料作为碳基发热源的主要材料，并辅以玻璃粉，借助纯净水、松油醇等作为溶剂，制作碳涂层发热板，用于上光油的干燥，并进行三种主要材料的对比实验研究。

（1）纳米碳球

纳米碳球即球状纳米碳材料，其形状为椭圆形或球状，比重轻，比表面积大，适于作为导电填料，具有优良的导电性、热传导性、化学稳定性[13]，被广泛用于制备各种复合材料。纳米碳球粒子间具有强大的范德华力，具有吸附团聚现象[14]，若在复合材料中对其分散不均，会影响材料的导电性。纳米碳球黑度高，对光的吸收能力强，但在对其清洁方面也更加困难。本书选用 40 nm 粒径的纳米碳球作为发热板的制备材料，该纳米碳球的透射电子显微镜 TEM（Transmission Electron Microscope）图像如图 2-2 所示。

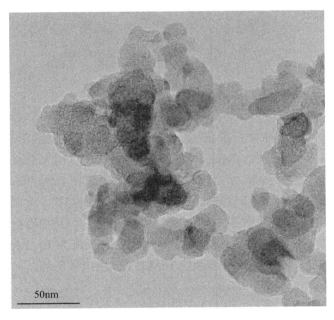

图 2-2　纳米碳球 TEM 图像

（2）碳纳米管

日本科学家饭岛于 1991 年发现了碳纳米管[15]，自此，对碳纳米管的研究飞速发展。碳纳米管的结构类似于石墨片卷曲成管状，碳纳米管的纵横比大，比表面积较大，密度较低，机械性能、热学性能、电学性能和光学性能优异[16]。碳纳米管易从周围存在的大量碳原料中制备，具有可持续发展性[17]。但碳纳米管也易团聚，表面存在凹陷，且易吸附污染物。碳纳米管可分为多壁碳纳米管和单壁碳纳米管，多壁碳纳米管比单壁碳纳米管更易制造，成本更低[18]。本书选用外径为 30~50 nm，内径为 5~12 nm，长度为 10~20 μm 的多壁碳纳米管为制备材料，其 TEM 图像如图 2-3 所示。

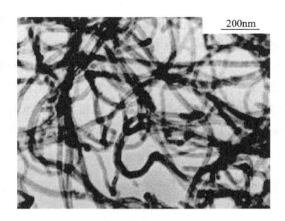

图 2-3　碳纳米管 TEM 图像

（3）纳米碳纤维

纳米碳纤维是一种直径在 50~200 nm 的碳材料，与碳纳米管有着相似的形貌结构。通常，直径在 50 nm 以下的为碳纳米管，直径大于 50 nm 的为碳纤维，一般实心的称为纤维，空心的称为管[12]，有时也把管状的碳纳米纤维称为碳纳米管。纳米碳纤维拥有良好的导电性、灵活的纤维结构、大规模生产的可行性[19]、高效的电热转换效率等，可以应用于许多领域，如航空器材、防护服装、锂离子电池材料等。本书选用直径为 150~200 nm，长度为 10~20μm 的纳米碳纤维材料为制备材料，其透射电子显微镜 TEM 图像如图 2-4 所示。

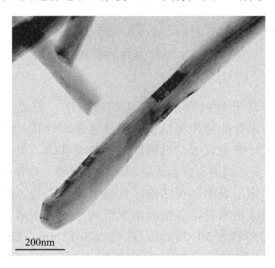

图 2-4　纳米碳纤维 TEM 图像

（4）石墨烯

石墨烯是由碳原子紧密堆积成的二维片层结构新材料。石墨烯是目前已知最薄的材料，是室温条件下电阻率最低的材料，是零维富勒烯、一维碳纳米管和三维石墨的基本组成单元，具有机械强度高、导热率高、导电性高等特点[20]。本书选用的石墨烯材料是石墨烯水性浆料，由石墨烯和去离子水组成，其浓度超过 15%，呈滤饼状，经过截切、搅拌、研磨等机械力可快速均匀分散，固含量为（17.5±1.0）%，粒径（D50）为 7.0~12.0μm。其扫描电子显微镜 SEM（Scanning Electron Microscope）图像如图 2-5 所示。

图 2-5　石墨烯 SEM 图像

上光干燥系统中发热碳板的功率可根据其面电阻和通过的电源计算得到。干燥箱内所需能量不仅用于印刷品上光固化中水分的蒸发，还将消耗于干燥固化箱中排气损失、散热损失和传送带热量变化等[1]。干燥箱热源提供的热量要大于等于上光干燥箱中需要的热量，通过干燥箱所需热量可计算出系统要提供的发热碳板数量。不同的上光材质、涂布速度和干燥工艺，使得工作的发热碳板数量与持续通电时间不同，需要根据具体上光复合的需求来调节。

2.1.3　上光质量主要影响因素

上光机的干燥部分是其重要组成环节，干燥效果直接影响着上光固化质量。水性上光油的干燥效果受到印品本身的材质、干燥系统的温度、传送印品的速度等因素的影响，其中干燥箱中的温度是决定印刷品的上光品质和干燥效果的主要因素。如果上光干燥温度过高、干燥过度，会造成涂层表面温度过高，印品易发黄、脆性加大、光泽度降低；若干燥温度过低、干燥不充分，会造成上光油易花，平滑性变坏，附着性差，甚至会出现印品粘手的情况。

印刷品的传输速度也会直接影响上光环节的速度。根据印刷工艺需求，上光机可以在印刷单元后联机工作，也可以单独进行上光涂布操作。待上光印品的传输速度可由前面的印刷单元综合来定，也可单独确定，不同的工作流程也决定了联机上光和涂布上光的涂布量不同。若上光印品传输速度过快，会造成其干燥受热时间过短，上光油干燥不充分；若上光印品传输速度过慢，则会使印品干燥过度，印品变脆。

上光机干燥系统中有吸风电机和排风电机，风机间相互协调工作使干燥箱中热源产生的热量流动起来，均匀分布于干燥箱内，将水分和溶剂抽出箱外，使干燥水性上光油产生的水蒸气能够挥散，促进承印物表面上光涂料的快速固化。送风速度影响上光油复合的环境与反应效果。

2.2　发热源制备原料及仪器

本章采用碳基材料中的石墨烯、碳粉、纳米碳纤维、纳米碳球、碳纳米管等作为水性上光机干燥热源的制备原料，以上述碳基材料为实验对象，通过制备干燥发热板，研究制备方法与工艺对碳基电热源导电性的作用，研究碳基热源的发热性能。

本书发热板制备实验所需的主要原料及试剂如表 2-1 所示。本实验所用到的主要仪器设备如表 2-2 所示。

表 2-1　发热板制备实验所需的主要原料及试剂

序号	材料名称	规格	生产厂家
1	石墨烯浆料	（17.5±0.5）%	厦门凯纳石墨烯技术股份有限公司
2	玻璃粉	500 目	自制
3	导电银浆	纳米级	上海正银电子材料有限公司
4	纯净水	分析纯	北京领钜东方科贸有限公司
5	有机硅	1000CS	湖北新四海化工股份有限公司
6	碳粉	300 目	北京吉兴盛安公司

序号	材料名称	规格	生产厂家
7	纳米碳球	40 nm	北京德科岛金科技有限公司
8	碳纳米管	外径为 30~50nm，内径为 5~12nm，长度为 10~20μm 多壁管	北京德科岛金科技有限公司
9	纳米碳纤维	直径为 150~200nm，长度为 10~20μm	北京德科岛金科技有限公司

表 2-2　发热板制备实验所需的主要仪器设备

序号	仪器名称	设备型号	生产厂家
1	电子天平	FA1004	北京赛多利斯仪器系统有限公司
2	研钵	—	自制
3	量杯	—	—
4	超白玻璃	—	自制
5	高温电加热炉	KSL-1100X	合肥科晶材料技术有限公司
6	万用表	300405A	日本安捷伦技术有限公司
7	稳压电源	UTP1306S	优利德科技股份有限公司
8	红外测温传感器	MLX90614	深圳市微雪电子有限公司
9	方块电阻测试仪	HPS2523	海尔帕科技有限公司
10	螺旋测微仪	0.01mm	北京量具刀具厂
11	丝网印刷机	无	郑州丝珂瑞科技有限公司

2.3　制备工艺流程

碳基热源的制备过程主要分为 3 步：第 1 步，将基料（本实验中使用自制玻璃粉）、碳基填料（可选用石墨烯、纳米碳纤维、碳粉、纳米碳球及纳米碳管等）及相关溶剂（可选用有机硅、松油醇和纯净水等）按实验所需配比混合成碳基涂料；第 2 步，使用丝网印刷方式将碳基涂料印刷在承印物（本实验中使用超白玻璃板）上，并放置于室温条件下阴干；第 3 步，将印有碳基涂层的承印物置入恒温加热炉进行升温固化。基料的使用可以增加材料涂层的表面硬度，提高涂层耐磨性，增加承印物与涂料之间的黏性。

制备碳基热源的工艺流程如图 2-6 所示。

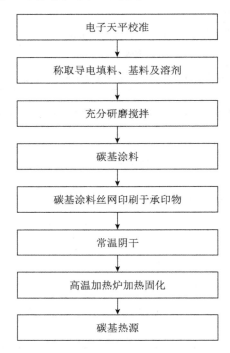

图 2-6　制备碳基热源的工艺流程

在进行碳基热源制备过程中，充分搅拌研磨可使碳基填料、基料及相关溶剂的混合更加均匀，所制成涂料的均匀性，会影响其自身的电热性能及升温固化效果。在涂料的制备过程中，黏度的控制是一个重要的关注点，如果材料混合黏度过高，涂料制备时会产生结块，这种情况将会导致在涂抹过程中出现涂层厚薄不一致的情况；反过来，如果材料混合时的黏度过低，涂层印制阴干时，比重大的填料会沉积在底部，导致表面浓度增加，这种情况会影响涂层表面的电导性能，从而会影响热源最终的发热效果[21]。印制后的承印物放进恒温加热炉升温固化前，应设置合理的升温速率及合适的固化温度。如果温度高于上限值，碳基涂层会因温度过高导致焦化甚至燃烧，使得碳基涂层发泡或掉粉，影响其均匀性及导电性；如果加热温度太低，碳基涂料与基材的黏结性不够，易剥离且降低牢固度。恒温加热炉的升温速率如设置不合理，在涂层的固化过程中，涂料中的混合物会发生反应，生成新的物质，这会导致在表面涂层中产生发泡现象，影响涂层与承印物之间的黏结牢固程度。

在制备碳基热源的工艺过程中，丝网印刷工艺也是起关键作用的环节。本实验所采用的丝网印刷方式，其组成要素主要有丝网印版、丝印油墨、刮墨板、承印物及印刷工作台，如图 2-7 所示。

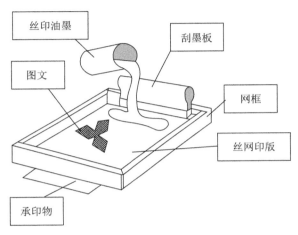

图 2-7　丝网印刷工艺的主要组成要素

在进行丝网印刷前，要先将丝网印版、承印物（本实验中使用玻璃）及其他实验设备用酒精擦净待用，丝网印刷机的印版安装完毕后，刮墨板在工作时需选择到适合的角度和速度。使用套印的方式进行印刷，首先将导电银浆印制在承印物（玻璃）上，置于恒温加热炉中进行升温固化，制成两端导电电极。然后，在印有银电极的承印物上印制碳基电热涂料，形成所需涂层。碳基涂料印制工艺过程如下：首先在印版的一侧倒入碳基涂料，需注意控制倒入涂料量，涂料倒入量过少，会导致承印物上印制的图文不清晰，甚至有所缺失。其次，使用吸盘将承印物牢固地吸附在印刷工作台上，减少因晃动导致的印刷误差。印刷开始，从印版一侧开始缓慢移动刮墨板，碳基涂料在压力作用下通过印版网孔，将图文部分印制在承印物上。印刷工作结束后，抬起丝印印版，印刷剩余的碳基涂料通过回墨板返回至初始位置，印刷工作完成。

将导线焊接在碳基热源两侧的银电极上，通电后碳基热源便可开始工作，如图 2-8 所示。

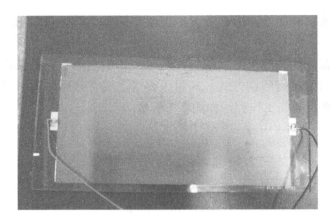

图 2-8　碳基热源实物工作图

在丝网印刷过程中,对碳基热源的生产质量产生影响的有诸多因素,如施加在刮墨板上的压力、刮墨速度以及刮墨角度等。施加在刮墨板上的压力应该保证丝网印版与承印物之间可以充分接触,压力过小,不能保证二者的充分接触;但如果施加的压力过大,刮墨板会造成印版变形过度,印版因摩擦变形会造成承印物上印制的涂料量减少。刮墨板的刮墨速度应保持恒定,在印刷过程中保持匀速直线运动,如刮墨速度过快,承印物上印制的碳基涂料量会减少;若刮墨速度过慢,碳基涂料在承印物上易产生堆积。印刷过程中,若刮墨板与网版之间夹角过大,会增加刮墨板与印版的摩擦力;若夹角过小,则会造成印版与承印物之间接触不良。以上情况与碳基热源的制备质量及最终加热效果有着密切关系,需合理控制各种影响因素,保证丝网印刷的印刷质量。

2.4　样品性能测试

2.4.1　样品电阻测定

测量前,将方阻测试仪(四探针)开机预热 10 分钟以上,达到最佳测试状态要求。测量时,将测试仪探头垂直轻压,置于碳基涂层上,如图 2-9 所示。因被测电阻值未知,选择测试仪自动量程功能,测量后,测试仪显示模块可显示相应的测量电阻值。为保证测量结果准确,需进行多次测量后求得平均值,得到方块电阻值。

图 2-9　使用方阻测试仪测量方块电阻值

测得相应方块电阻值后，使用万用表测试导电性。测试后发现，当电阻值高于 1kΩ 时，碳基涂层不导电或导电效果极差，当电阻值低于 1kΩ 时，碳基涂层导电。因此，将 1kΩ 电阻值定为样品碳基涂层导电阈值，在本书中，用数字 1 表示样品碳基涂层导电，用数字 0 表示样品碳基涂层不导电。

2.4.2　升温速率及发热温度测量

将碳基热源置于保温环境中，热源涂层两端的银电极通过焊接导线与稳压电源相连，使用红外温度传感器（MLX90614）对碳基热源进行温度测量。将传感器置于碳基热源中央位置 1cm 处，测量碳基热源的表面实际温度。电源接通后，通过调压器施加不同电压，使得碳基热源通电工作，记录不同时刻（均匀分布）碳基热源的发热温度。通过所测得的温度值，绘制不同电流条件下碳基热源升温曲线。

2.4.3　碳基涂层厚度测量

使用螺旋测微仪进行碳基涂层厚度测量。为保证测量结果准确，需进行多次测量，求得平均值。首先测量承印物（本实验中使用玻璃）的厚度，其次测量样品碳基热源的厚度，二者差值即为碳基涂层厚度。注意在测量厚度时，因承印物及碳基涂层均为易碎或易磨损材料，在螺旋测微仪测微螺杆靠近碳基涂层时，应使用微调旋钮，防止施加压力过大导致涂层或承印物损坏。

2.4.4　样品碳基涂层固化效果检验

碳基热源表面涂层的固化效果可通过如下方法进行目视判定：（1）样品碳基涂层表面是否有燃烧痕迹；（2）样品碳基涂层表面是否有发泡现象；（3）样品碳基涂层表面是否有掉粉现象。

碳基热源表面涂层经升温固化后，若表面涂层有烧焦现象或碳基涂层完全消失，可判断为碳基涂层因温度过高发生燃烧。用尖状物体对固化后碳基涂层表面进行按压操作，若可以插进涂层里面，则可判断为涂层发泡。施加较小压力，用纸张擦拭样品表面碳基涂层，若纸张表面粘有黑色粉末，则可判断为涂层掉粉。如出现以上三种现象之一，则可判定样品碳基热源表面涂层的固化效果差，若无以上现象产生，可判定碳基热源表面涂层的固化效果良好。在本书中，用数字 1 表示样品碳基热源表面涂层固化效果良好，用数字 0 表示样品碳基热源表面涂层固化效果差。

2.5　发热板制备材料的选用

2.5.1　纳米碳球

选取纳米碳球粉为主要材质，与玻璃粉混合，用纯净水作为溶剂将它们搅拌充分，调制成不同含碳比的浆料涂布在承印物（玻璃板）上，并在恒温炉中烧结固化，制备成纳米碳球发热板。固化温度的范围在玻璃软化温度与纳米碳材料燃烧温度之间，制备条件及发热板的实验数据如表 2-3 所示。

表 2-3　纳米碳球发热板实验数据

编号	温度 /℃	含碳量 /%	方块电阻 /Ω	涂层状态
1	360	3.125	11.5k	掉粉严重
2	360	6.25	4.5k	掉粉严重
3	380	3.125	——	起泡

续表

编号	温度 /℃	含碳量 /%	方块电阻 /Ω	涂层状态
4	380	6.25	30k	微焦
5	380	12.5	8k	掉粉严重
6	400	6.25	—	起泡
7	400	12.5	—	起泡
8	420	3.125	—	起泡严重
9	420	6.25	—	起泡
10	420	12.5	—	起泡
11	420	50	—	碳材料烧尽
12	450	3.125	44M	形成釉面
13	450	6.25	30M	形成釉面
14	450	12.5	182M	形成釉面
15	450	50	—	碳材料烧尽

注："—"所示为超出万用表量程，电阻不可测出。

由表 2-3 可以看出，当烧制固化温度过低时，样本中的纳米碳球材料掉粉严重，牢固性差；当烧制固化温度过高时，纳米碳球容易燃烧变少。采用纳米碳球材料所烧制的发热板，电阻值都非常高，导电性极差。实验中选取的该款纳米碳球材料，不能找到既满足导电性又满足牢固性的烧制固化温度，不适合此种发热板制备方法采用。

2.5.2　碳纳米管

选取碳纳米管粉为主要材质，与玻璃粉混合，分别用纯净水和松油醇两种材料作为溶剂将它们搅拌充分，调制成不同含碳比的浆料涂布在承印物（玻璃板）上。将其放置室内常温阴干后，碳涂层发生严重开裂，形成不连续的碳涂层面，不宜进一步制备成发热板。实验表明，当碳纳米管含量越高，其对应浆料涂层开裂现象越严重，经恒温箱固化后，涂层开裂越发严重。部分碳纳米管浆料阴干后开裂现象如图 2-10 所示。本书实验中选取的该款碳纳米管材料，不适合此种发热板制备方法采用。

（a）含碳量 12.5 % 涂层　　　　　　　　（b）含碳量 25 % 涂层

图 2-10　纳米碳管制备成发热板阴干后开裂现象

2.5.3　纳米碳纤维

选取纳米碳纤维粉为主要材质，与玻璃粉混合，用纯净水作为溶剂将它们搅拌充分，调制成不同含碳比的浆料涂布在承印物（玻璃板）上，并在恒温炉中烧结固化，制备成纳米碳纤维发热板。部分样本以松油醇为溶剂来制备纳米碳纤维发热板，与纯净水溶剂作对比实验。完成碳基涂层的印制工作后，室内常温阴干，采用合理温度范围内的不同温度进行样本固化，制备条件及发热板的实验数据如表 2-4 所示。

表 2-4　纳米碳纤维发热板烧结实验数据

序号	溶剂	温度 /℃	含碳量 /%	方块电阻 /Ω	涂层状态
1	纯净水	360	3.125	1000	较牢固
2	纯净水	360	6.25	384	掉粉
3	纯净水	360	12.5	233	掉粉严重
4	纯净水	380	3.125	1000	微焦
5	纯净水	380	6.25	330	较牢固
6	纯净水	380	12.5	120	掉粉严重
7	纯净水	400	6.25	400	掉粉
8	纯净水	400	12.5	230	掉粉严重
9	纯净水	400	25	120	掉粉严重

序号	溶剂	温度 /℃	含碳量 /%	方块电阻 /Ω	涂层状态
10	纯净水	420	3.125	3000	起泡
11	纯净水	420	6.25	850	牢固
12	纯净水	420	12.5	600	较牢固
13	松油醇	420	12.5	300	掉粉严重
14	纯净水	420	50	600	掉粉严重
15	纯净水	450	3.125	10000	起泡
16	纯净水	450	6.25	3000	微焦
17	纯净水	450	12.5	2000	微焦
18	松油醇	450	12.5	1100	微焦
19	纯净水	450	50	10000	烧尽
20	松油醇	450	50	1000	掉粉严重

由实验数据可以看出，以纳米碳纤维为材料制成的碳基发热板的方块电阻值，通常比以纳米碳球和碳纳米管制成的发热板电阻值要小，大部分纳米碳纤维方块电阻值低于 1000Ω，并且部分电阻值低于 150Ω，而且碳涂层比较牢固地固化在玻璃板基材上。由此看来，以纳米碳纤维制备碳发热板，在满足发热板的导电性与牢固性的同时可以寻求到合适的固化温度，因此可以选择以纳米碳纤维为材质进行碳发热板制备与性能的研究。

采用以松油醇为溶剂制备的同样碳比例的纳米碳纤维的 13 号、18 号、20 号发热板的电阻值，比以纯净水为溶剂制备的 12 号、17 号、19 号样本的方块电阻值更低。由于松油醇黏稠度更大，即便丝印磨具一样，但制备得到的涂层会更厚，而且样本的牢固性降低。松油醇不溶于水，采用丝网印刷时不便于磨具的清洁。采用纯净水作为发热浆料制备发热板，丝网印制工艺可做到稳定统一，通过丝网目数可控制浆料厚度。基于以上原因，统一选用纯净水作为浆料溶剂来制备碳发热板。

2.6　碳基热源样品制备条件的影响因素

选用单因素实验法进行研究，对于碳基涂层升温固化效果及电导性能，影响因素考虑如下：（1）溶剂；（2）固化温度；（3）碳基涂层厚度。首先确定碳基热源样品的制备条件及相关工艺，其次研究固化温度（升温速率）、碳基涂层含碳量及碳基涂层厚度对于样品碳基热源相关性能的影响。

2.6.1 碳基热源制备过程中溶剂类型的影响

在碳基热源制备过程中，溶剂将填料与基料的混合物溶化成液态，便于后续碳基涂层的印制，溶剂的类型对于涂层的电导性能及固化效果会有一定的影响，故溶剂的选择是极其重要的。在本书实验中，碳基填料选用石墨烯、碳粉等，溶剂选用有机硅、纯净水、松油醇等。选用单因素实验法，制备条件如表 2-5 所示，可以选择出合适溶剂，此时碳基涂层可以导电并且固化效果好。

表 2-5　碳基热源制备过程中溶剂类型的影响

序号	所选溶剂	固化温度 /℃	涂层厚度 /μm	碳含量 /%	固化效果	导电性
1	纯净水	450	20	4.8	1	1
2	纯净水	450	20	7.7	1	1
3	纯净水	450	20	8.3	1	1
4	纯净水	480	30	4.8	1	1
5	纯净水	480	30	7.1	1	1
6	纯净水	480	30	7.7	1	1
7	纯净水	480	30	8.3	1	1
8	有机硅	450	20	4.8	0	0
9	有机硅	450	20	7.7	0	0
10	有机硅	450	20	8.3	0	1
11	有机硅	480	30	4.8	0	0
12	有机硅	480	30	7.1	0	0
13	有机硅	480	30	7.7	0	0
14	有机硅	480	30	8.3	0	1

通过上述实验可以看出，当溶剂选择有机硅时，碳基涂层大多数情况下不导电，且固化效果不好。当溶剂选择纯净水时，碳基涂层在满足电导性的前提下，固化效果优异。

2.6.2 碳基热源制备过程中固化温度的影响

在实验过程中，固化温度按表 2-6 中数据设定，进行实验可得如下结果，在碳基涂层固化效果良好的前提下，参考导电情况，可得出实际所需固化温度。

表 2-6　热源样品制备过程中固化温度的影响

序号	温度 /℃	含碳量 /%	厚度 /μm	导电性	固化效果
1	450	33.3	10	1	1
2	465	3.2	30	1	1
3	465	4.8	30	1	1
4	465	5.9	40	1	1
5	465	7.7	20	1	1
6	465	14.3	10	1	1
7	465	20	10	1	1
8	465	33.3	10	1	1
9	465	50	20	1	1
10	465	50	20	1	1
11	480	5.9	40	1	1
12	480	7.7	20	1	1
13	480	14.3	10	1	1
14	480	5.9	40	1	1
15	480	20	10	1	1
16	550	4.8	30	0	0
17	550	20	10	0	0
18	550	50	20	0	0
19	580	33.3	10	1	0
20	610	33.3	10	0	0
21	610	50	20	0	0

由表 2-6 可以看出，当固化温度设定为 550~610℃时，实验后碳基涂层的固化效果不好。当固化温度设定为 465~480℃时，实验后碳基涂层固化效果优异且导电。

2.6.3　碳基热源制备过程中涂层厚度的影响

在实验过程中，涂层厚度按表 2-7 中参数进行设定，使用单因素实验法得到如下结果，在碳基涂层固化效果优异的前提下，参照导电情况，可得到所需合适涂层厚度。

表 2-7　碳基热源制备过程中涂层厚度的影响

序号	厚度 /μm	含碳量 /%	温度 /℃	导电性	固化效果
1	3	4.8	480	0	0
2	4	9.9	450	0	0
3	4	50	480	1	1
4	5	20	480	1	1
5	5	50	480	1	0
6	10	20	480	0	0
7	20	20	480	1	1
8	40	9.9	450	1	1
9	50	50	450	0	0
10	90	9.9	450	1	0
11	150	20	480	1	1
12	180	50	450	1	1
13	10	33.3	580	1	0

由表 2-7 可以看出，当固化温度设定为 450℃时，含碳量为 9.9% 且涂层厚度为 40μm、含碳量为 50% 且涂层厚度为 180μm 情况下，碳基涂层导电且固化效果良好。当固化温度设定为 480℃时，含碳量为 50% 且涂层厚度为 4μm、含碳量为 20% 且涂层厚度为 5μm 及含碳量为 20% 且涂层厚度为 20μm 情况下，碳基涂层导电且固化效果良好。综合分析表 2-7，考虑到涂层厚度越小，所耗费资源越少，可得到结论：合适条件下理想的碳基涂层厚度为 5~20μm。

参考文献

[1]　李雪锋 . 环保节能型上光机干燥固化系统的研究 [D]. 福州：福建农林大学，2011:8-21.

[2]　李海超 . 基于碳纳米的绿色上光机干燥系统研究 [D]. 北京：北京印刷学院，2020:1-19.

[3]　陈杰 . 一种上光机风干装置：108437625A[P].2018–08–24.

[4]　QIAN Ting-ting, ZHU Shi-kun, WANG Hong-liang, et al. Comparative Study of Carbon Nanoparticles and Single-Walled Carbon Nanotube for Light-Heat Conversion and Thermal Conductivity Enhancement of the Multifunctional PEG/Diatomite Composite Phase Change Material[J]. ACS Applied Materials & Interfaces, 2019, 11(33):29698-29707.

[5]　HE Xu-hua, YU Xin, WANG Yue-chuan. Significantly Enhanced Thermal Conductivity in Polyimide Composites with the Matching of Graphene Flakes and Aluminum Nitride by in Situ Polymerization[J]. Polymer Composites, 2020, 41(2):740-747.

[6]　田文祥 . 典型电热聚合物基复合材料的设计与热性能研究 [D]. 合肥：中国科学技术大学，2020:1-6.

[7]　郭佩，崔学民，林朝旭，等 . 地聚物基碳基电热涂料的制备与性能研究 [J]. 陶瓷学报，2019，40(4):469-476.

[8]　陈新江 . 一种远红外电加热元件：207869425U[P]. 2018–09–14.

[9]　SHOBIN L R, MANIYANNAN S. Enhancement of Electrothermal Performance in Single-walled Carbon Nanotube Transparent Heaters by Room Temperature Post Treatment[J]. Solar Energy Materials and Solar Cells，2018，174:469-477.

[10]　MENG Xin, CHEN Tian-xing, LI Yao, et al. Assembly of Carbon Nanodots in Graphene-based Composite for Flexible Electro-thermal Heater with Ultrahigh Efficiency[J]. Nano Research, 2019, 12(10):2498-2508.

[11]　杨序纲 , 吴琪琳 . 纳米碳及其表征 [M]. 北京：化学工业出版社 , 2016:1-5.

[12]　龚勇 . 纳米碳纤维的可控制备及其应用研究 [D]. 绵阳：西南科技大学 , 2020:12-13.

[13]　YANG Ya-qi, SHAO Zi-qiang. Boron and Nitrogen Co-doped Carbon Nanospheres for Supercapacitor Electrode with Excellent Specific Capacitance.[J]. Nanotechnology, 2022, 33(18)

[14]　史哲，金鹏 . 纳米碳作为唯一碳源的 Al_2O_3-C 系低碳耐火材料 [J]. 耐火与石灰，2021，46(4): 53-59.

[15]　IIJIMA S. Helical Microtubeles of Graphitic Carbon［J］. Nature，1991，354:56-58.

[16]　KALAKONDA P, KALAKONDA P B, BANNE S. Studies of Electrical, Thermal, and Mechanical Properties of Single-walled Carbon Nanotube and Polyaniline of Nanoporous Nanocomposites[J]. NANOMATERIALS AND NANOTECHNOLOGY，2021，11.

[17]　JANAS D, KOZIOL K K. A Review of Production Methods of Carbon Nanotube and Graphene Thin Films for Electrothermal Applications[J]. Nanoscale, 2014, 6(6):3037-3045.

[18]　JIANG Jin-jin, LI Wan-peng，SHU Ying, et al. Multi-walled Carbon Nanotube/Polyurethane Electrothermal Films[J]. Fullerenes Nanotubes and Carbon Nanostructures, 2020:1-10.

[19] WANG He, NIU Hai-tao, WANG Hong-jie, et al. Micro-meso Porous Structured Carbon Nanofibers with Ultra-high Surface Area and Large Supercapacitor Electrode Capacitance[J]. Journal of Power Sources, 2021, 482.

[20] 吴明铂，邱介山，何孝军.新型碳材料的制备及应用 [M].北京：中国石化出版社，2017.

[21] 赵海霞.炭系导电涂料电热及电磁屏蔽性能研究 [D].长沙：湖南大学，2015.

第3章

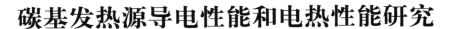

碳基发热源导电性能和电热性能研究

碳基材料具有优良的导电性和导热性，且无毒无害。本书以石墨烯和碳纤维为实验材料，研究碳基发热源的导电性能；以碳粉、石墨烯和碳纤维为对象，研究碳基发热源的电热性能。

3.1 石墨烯发热源导电性能研究

碳基发热源的导电性能受许多因素的影响，在制备发热源的过程中，制备方法与工艺、碳涂层固化与烧结温度、碳涂层厚度以及发热源含碳量，都可能影响发热板的导电性能。通过四探针方块电阻仪测量加热板的方块电阻，在碳的质量分数相同的情况下，研究涂层厚度对发热源导电性能的影响；在涂层厚度相同的情况下，研究涂层碳的质量分数对发热源导电性能的影响。

3.1.1 不同涂层厚度对导电性能的影响

在制备条件和工艺相同的前提下，保持发热源涂层材料中含碳量不变，研究涂层厚度不同引起的石墨烯发热源本身电阻的变化情况。当涂层材料中含碳量为5.9%时，将热源涂层厚度分别设定为5μm、20μm、30μm及40μm；当涂层材料中含碳量为7.8%时，热源涂层厚度分别设定为5μm、10μm、20μm及30μm；当涂层材料中含碳量为20%时，热源涂层厚度分别设定为5μm、10μm、20μm及30μm。以上样品制成后，经多次测量，可求得热源涂层电阻平均值，如表3-1所示。

表 3-1　不同涂层厚度对应的电阻平均值

编号	含碳量 /%	厚度 /μm	电阻平均值 /Ω
1	5.9	5	257
2	5.9	20	115
3	5.9	30	48
4	5.9	40	44
5	7.8	5	153
6	7.8	10	109
7	7.8	20	84
8	7.8	30	56
9	20	5	158
10	20	10	90
11	20	20	21
12	20	30	20

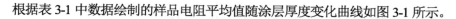

根据表 3-1 中数据绘制的样品电阻平均值随涂层厚度变化曲线如图 3-1 所示。

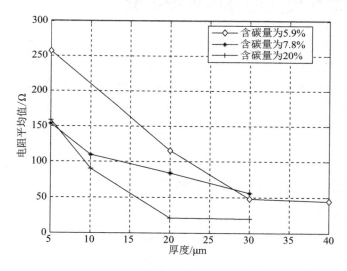

图 3-1　电阻平均值随涂层厚度变化曲线

由图 3-1 可以看出，在制备条件和工艺都相同的情况下，热源涂层的电阻平均值与热源涂层厚度为负相关关系，即当涂层厚度越薄时，热源表面电阻值降低，导电性越差；反之，当涂层厚度变厚时，热源表面电阻值会降低，导电性变好。

3.1.2　含碳量对导电性能的影响

在制备条件和工艺相同的前提下，保持热源涂层厚度不变，研究涂层材料中含碳量不同引起的石墨烯发热源本身电阻的变化情况。当热源涂层厚度为 5μm 时，将涂层材料中含碳量分别设定为 25%、33.3%、50%；当热源涂层厚度为 10μm 时，将涂层材料中含碳量分别设定为 11.1%、14.3%、25%、33.3%；当热源涂层厚度为 20μm 时，将涂层材料中含碳量分别设定为 4.8%、5.9%、14.3%、20%；当热源涂层厚度为 30μm 时，将涂层材料中含碳量分别设定为 2.4%、5.9%、7.8%、14.3%。以上样品制成后，经多次测量，可求得热源涂层电阻平均值，如表 3-2 所示。

表 3-2　涂层材料中不同含碳量对应的电阻平均值

编号	厚度 /μm	含碳量 /%	电阻平均值 /Ω
1	5	25	480
2	5	33.3	315
3	5	50	224
4	10	11.1	500
5	10	14.3	425
6	10	25	152
7	10	33.3	95
8	20	4.8	123
9	20	5.9	115
10	20	14.3	22
11	20	20	21
12	30	2.4	114
13	30	5.9	48
14	30	7.8	33
15	30	14.3	26

根据表 3-2 中数据绘制的样品电阻平均值随含碳量变化曲线如图 3-2 所示。

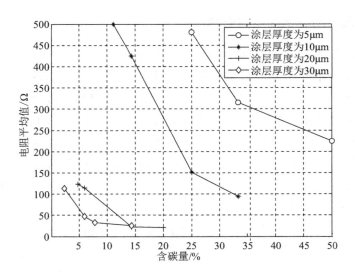

图 3-2　电阻平均值随含碳量变化曲线

3.2　纳米碳纤维发热板导电性能研究

在以纳米碳纤维为碳基材料的发热板制备过程中，很多因素都会影响发热板的导电性和牢固度，本书通过大量的实验与结果分析，研究纳米碳纤维发热板的含碳量、固化温度、样本厚度等因素对其导电性及牢固性的影响，寻求该材质碳基发热源合适的制备条件与工艺。

3.2.1　纳米碳纤维发热板烧结温度的上下限

首先，寻找纳米碳纤维发热板固化涂层的烧结温度的上限与下限。实验所采用的混合材料玻璃粉的软化温度为340℃左右，涂层在340℃固化效果是很差的，完成烧结后的发热板涂层掉粉极其严重，则以340℃作为纳米碳纤维的固化温度的下限。当含有不同碳比例的发热板在460℃固化时，碳涂层会出现各种程度的烧焦、起泡，甚至涂层被烧结消失等现象，因此，以460℃作为把涂层固化在基材的温度上限。

3.2.2　烧结温度对纳米碳纤维发热板导电性能的影响

在相同的实验环境中，按照相同的步骤与方法制备含碳量不同的纳米碳纤维热源，并在合理固化温度范围内且不同温度值下固化涂层。制备完成后，使用方块电阻测试仪测量热源涂层样本的单位厚度单位面积下的电阻值，即方块电阻值。含碳量相同的样本方块电阻值随烧结温度变化情况如表3-3 所示，其变化曲线如图 3-3 所示。

表 3-3　方块电阻值随烧结温度变化情况

编号	温度 /℃	含碳量 /%	方块电阻 /Ω	涂层状态
1	340	3.125	321.4	牢固
2	360	3.125	600	掉粉少
3	380	3.125	1000	微焦
4	400	3.125	542	牢固
5	420	3.125	1082	烧焦起泡
6	340	6.25	146.2	较牢固
7	360	6.25	178	掉粉
8	380	6.25	204	牢固
9	400	6.25	213.2	牢固
10	420	6.25	406	牢固
11	440	6.25	161.6	掉粉
12	450	6.25	1500	烧焦
13	460	6.25	814	烧焦
14	340	12.5	90.82	掉粉
15	360	12.5	103.4	掉粉多
16	380	12.5	90.96	掉粉
17	400	12.5	106.9	掉粉
18	420	12.5	183.2	掉粉少
19	440	12.5	144	牢固微焦
20	450	12.5	1500	牢固微焦
21	460	12.5	891.8	牢固微焦
22	340	25	56.82	掉粉
23	380	25	84.58	掉粉
24	400	25	67.16	掉粉严重
25	420	25	105.9	掉粉严重

续表

编号	温度 /℃	含碳量 /%	方块电阻 /Ω	涂层状态
26	440	25	316.8	有点掉粉
27	450	25	918.6	焦
28	460	25	—	烧没了
29	340	50	54.38	—
30	400	50	75.6	—
31	420	50	100	—
32	440	50	516	—

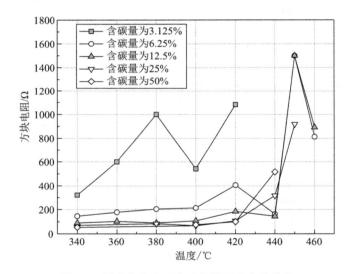

图 3-3 样本方块电阻值随烧结温度变化曲线

由图 3-3 可以看出，随着样本固化温度的升高，样本方块电阻值具有整体增加的趋势。在制备碳基发热涂料过程中，具有高导电性的纳米碳纤维粉在与玻璃粉辅料混合后，二者在非真空的高温环境中发生反应，使碳基浆料中的纳米碳纤维含量降低，涂层的电阻值变大。涂层固化温度越高，碳的化学性质变得越加活泼，纳米碳纤维反应越充分，涂层中含有的纳米碳纤维量就越少，相应固化后的碳基发热源导电性能越差。

3.2.3　涂层材料中含碳量对纳米碳纤维发热板导电性能的影响

在相同的实验环境中，按照相同的步骤与方法制备含碳量不同的纳米碳纤维热源，并在合理固化温度范围内且不同温度值下固化涂层。制备完成后，使用方块电阻测试仪测量热源涂层样本的单位厚度单位面积下的电阻值，即方块电阻值。固化温度相同的样本方块电阻值随含碳量变化情况如表3-4 所示，其变化曲线如图 3-4 所示。

表 3-4　方块电阻值随含碳量变化情况

编号	温度 /℃	含碳量 /%	方块电阻 /Ω
1	340	3.125	321.4
2	340	6.25	146.2
3	340	12.5	90.82
4	340	25	56.82
5	340	50	54.38
6	360	3.125	954.6
7	360	6.25	178
8	360	12.5	103.36
9	380	3.125	571.6
10	380	6.25	204
11	380	12.5	90.96
12	400	3.125	542
13	400	6.25	213.2
14	400	12.5	106.92
15	400	25	67.16
16	400	50	47.92
17	420	3.125	1082
18	420	6.25	406
19	420	12.5	183.2
20	420	25	105.94
21	420	50	100
22	440	6.25	161.6
23	440	12.5	81.32
24	440	25	50.68
25	440	50	39.78

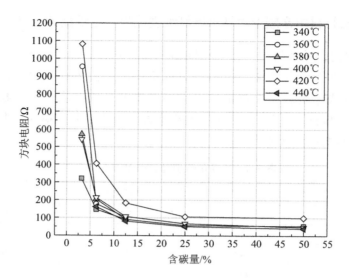

图 3-4　方块电阻值随含碳量变化曲线

由图 3-4 可看出，样本方块电阻值随其含碳量的增加而降低。涂层中的导电粒子通过相互接触，构成链状导电网络，从而形成导电通道[1]。当复合材料涂层中纳米碳纤维含量越高时，导电粒子越多，其间距越小，涂层越易形成导电网络，则导电性越好。

3.2.4　涂层厚度对纳米碳纤维发热板导电性能的影响

在相同的实验环境中，按照相同的步骤与方法制备含碳量不同的纳米碳纤维热源，以几种不同含碳量的纳米碳纤维发热板为研究对象，检测相同含碳量而厚度不同的样本的方块电阻值。样本方块电阻随厚度变化情况如表 3-5 所示，其变化曲线如图 3-5 所示。

表 3-5　方块电阻值随厚度变化情况

编号	含碳量 /%	厚度 /μm	方块电阻 /Ω
1	6.25	80	850
2	6.25	90	330
3	6.25	127	213.2
4	6.25	137	178
5	6.25	160	204
6	12.5	55	600

编号	含碳量 /%	厚度 /μm	方块电阻 /Ω
7	12.5	117	230
8	12.5	123	183.2
9	12.5	153	106.92
10	12.5	197	103.36
11	25	104	120
12	25	120	105.94
13	25	173	67.16
14	25	180	84.58

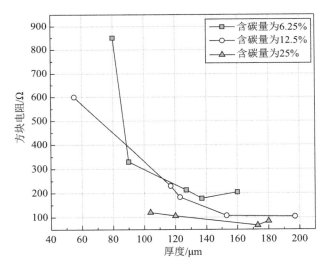

图 3-5　方块电阻值随厚度变化曲线

由图 3-5 可以看出，随着样本厚度的增加，方块电阻值是降低的趋势。纳米碳纤维涂层在相同的含碳比例及涂制面积的情况下，发热源涂层厚度越大，即纳米碳纤维的含量越大，碳含量在涂层中占比越少，即可有效降低其阻值。

3.3　碳基加热板发热特性研究

3.3.1　碳基加热板加热温度与时间的关系

选取碳基加热板进行实验研究，其涂层含碳量为 33.3%。工作时，分别加载 0.1A 和 0.2A 的电流，其发热温度随时间变化情况如表 3-6 所示。根据表 3-6 中数据，得到碳基加热板温度随时间变化曲线，如图 3-6 所示。由图 3-6 可以看到，当工作电流为 0.2A 时，工作 10 分钟后，碳基加热板的工作温度可达 200℃。

表 3-6　碳基加热板温度随时间变化情况

时间 / min		0	2	4	6	8	10	13	15	16	17
温度 /℃	0.1A 时	18.3	34.5	48.1	59.9	64.5	66.6	74.1	81.2	76.3	—
	0.2A 时	20.2	91.0	149.4	169.6	194.3	201.5	206.5	209.4	210.5	215.2

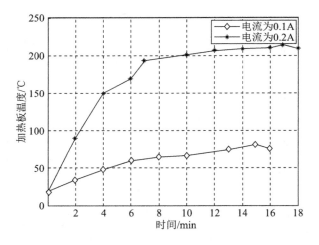

图 3-6　碳基加热板温度随时间变化曲线

3.3.2　石墨烯加热板温度随时间的变化曲线

对具有不同含碳量的石墨烯发热源通以恒流源，并记录通电时间和石墨烯加热板表面温度。表 3-7、表 3-8、表 3-9 分别为含碳量为 50%、33.3% 和 7.8% 时，石墨碳加热板温度随时间变化情况。根据上述表格中的数据，绘制得到石墨碳加热板温度随时间变化曲线图，如图 3-7、图 3-8、图 3-9 所示。当工作电流小于 1 A 时，10 min 以内，加热板的温度可达到近 200 ℃。

表 3-7　石墨烯加热板温度随时间变化情况（含碳量为 50%）

时间 / min		0	1	2	3	4	5	6	7	8	9	10
温度 /℃	0.22A 时	18.3	58.3	79.4	108	103.4	118.3	126.2	140.7	103	95	108
	0.25A 时	18.2	86.1	110.5	115.1	128.3	139.5	143.1	120.3	125	137.5	117
	0.3 A 时	19.3	93.9	148.3	164.5	190.4	196.2	185.0	196.5	186.5	208	192.3

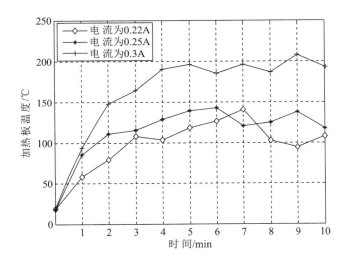

图 3-7　石墨烯加热板温度随时间变化曲线（含碳量为 50%）

表 3-8（a）　石墨烯加热板温度随时间变化情况（含碳量为 33.3%，电流为 0.4A）

时间 / min	0	0.5	2	3	4	6	7	8	9	10	11
温度 /℃	19.9	58	82	102.9	109.1	113	118.9	117.4	120.5	126.5	121.5

表 3-8（b）　石墨烯加热板温度随时间变化情况（含碳量为 33.3%，电流为 0.5A）

时间 / min	0	0.5	1	1.5	2	2.5	3	3.5	4
温度 /℃	19.3	59	82	94.2	110.7	128.8	129.4	134.2	150.1
时间 / min	4.5	5	6	7	7.5	8	9	10	12
温度 /℃	160.4	160.6	162.1	164.1	166.3	170.1	171.9	176.3	173.5

表 3-8（c）　石墨烯加热板温度随时间变化情况（含碳量为 33.3%，电流为 0.6A）

时间 / min	0	0.5	1	1.5	2	2.5	3	3.5	4	4.5
温度 /℃ 0.6A	19.6	83.2	122.5	138.1	141.1	166	169.7	173.4	175.3	189.4
时间 / min	5	6	7	7.5	8	9	10	11	12	
温度 /℃ 0.6A	194.1	195.9	193.9	197	201	205	187.3	197.2	202.2	

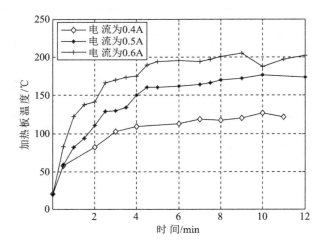

图 3-8　石墨烯加热板温度随时间变化曲线（含碳量为 33.3%）

表 3-9（a）　石墨烯加热板温度随时间变化情况（含碳量为 7.8%，电流为 0.4A）

时间 / min	0	2	4	6	8	10	12	14
温度 /℃	19.4	69.3	83.2	100.9	120.0	111.1	120.7	103.1

表3-9（b）　石墨烯加热板温度随时间变化情况（含碳量为7.8%，电流为0.5A）

时间 /min	0	1	2	3	4	5	6	7	9	11
温度 /℃	18.8	69.3	104.1	128.9	142.5	150.2	145.1	136.0	169.9	163

表3-9（c）　石墨烯加热板温度随时间变化情况（含碳量为7.8%，电流为0.6A）

时间 /min	0	1	2	3	4	5	6	7	9	10
温度 /℃	19.3	70.5	140.8	150.3	168.0	183.6	205.0	204	190.5	182.5

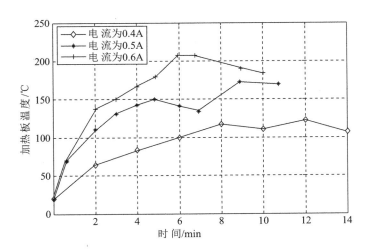

图 3-9 石墨烯加热板温度随时间变化曲线（含碳量为 7.8%）

3.3.3 加热板的通电温升与电流的关系

含碳量为 33.3% 和 20% 的石墨烯涂层样本进行通电实验，随着给定电流的不同，通电后的加热板相对于加热板起始温度所升高的温度值如表 3-10 （a）和表 3-10（b）所示。

表 3-10（a） 不同电流对应的温升值（含碳量为 33.3%）

电流 /A	0.01	0.02	0.03	0.04	0.05	0.06	0.07	0.08	0.09	0.1
温升 /℃	1.2	0.9	2.3	2.3	6.7	2.6	2.3	1.1	3.1	3.5
电流 /A	0.11	0.12	0.13	0.14	0.15	0.16	0.17	0.18	0.19	0.2
温升 /℃	3	39.9	34.8	47.2	52.2	73.5	86.4	84.4	105	87.8

表 3-10（b） 不同电流对应的温升值（含碳量为 20%）

电流 /A	0.01	0.02	0.03	0.04	0.05	0.06	0.07	0.08	0.09	0.1
温升 /℃	0.8	0.3	0.2	0.2	1.4	1.5	1.5	1.8	2.5	1
电流 /A	0.11	0.12	0.13	0.14	0.15	0.16	0.17	0.18	0.19	0.2
温升 /℃	3.6	6.5	7.4	11.2	9	11.9	20.8	17.6	18.8	17.6

根据表 3-10（a）、表 3-10（b）中两种不同厚度、不同含碳量样本的通电实验数据，绘制得到温升随电流变化曲线，如图 3-10 所示。

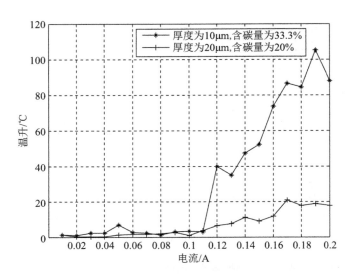

图 3-10　不同样本温升随电流变化曲线

由图 3-10 可以看出，对于同一碳基涂层样本通电实验而言，随通过电流值的增加，发热源表面的温升也随之增加，这也符合焦耳定律，即电热材料产生热量正比于电流的二次方，电流值越大，产生的热量越多，当环境温度一致时，其温升也随之升高。

3.3.4　加热板的通电温升与电阻的关系

3.3.4.1　厚度为 10 μm 的样本

在石墨烯发热源通电实验中，选取涂层厚度均为 10μm 的样本，通以 0.2A、0.3A、0.4A、0.5 A 恒定直流电源，检测并记录不同含碳量的发热板的温升随平均电阻值变化情况如表 3-11 所示。

表 3-11　不同平均电阻值样本的通电温升（厚度为 10μm）

平均电阻值 /Ω		10	12	22
温升 /℃	电流为 0.2A 时	12.5	17.6	35.8
	电流为 0.3A 时	29.9	34.8	61.7
	电流为 0.4A 时	53.3	62.9	106.6
	电流为 0.5A 时	105.1	121.9	185.4

根据表 3-11 中的数据，绘制得到样本温升随电阻值变化曲线，如图 3-11 所示。

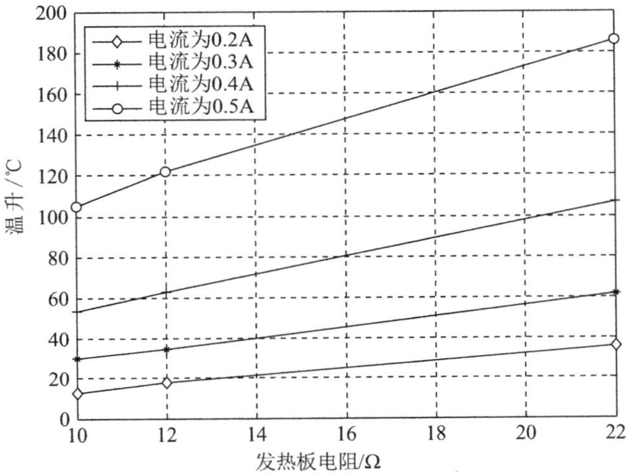

图 3-11　样本温升随电阻值变化曲线（厚度为 10 μm）

3.3.4.2　厚度为 20 μm 的样本

在石墨烯发热源通电实验中，选取涂层厚度均为 20μm 的样本，通以恒定直流电源，当工作电流为 0.1A、0.2A、0.3A、0.4A、0.5A、0.6A 时，检测并记录不同含碳量的发热板的温升随平均电阻值变化情况如表 3-12 所示。

表 3-12　不同平均电阻值样本的通电温升（厚度为 20μm）

平均电阻值 /Ω		14	22	26
温升 /℃	电流为 0.1A 时	2.7	5	7.4
	电流为 0.2A 时	14.2	20.7	25.9
	电流为 0.3A 时	30	44.2	55
	电流为 0.4A 时	55.9	68.1	81.9
	电流为 0.5A 时	78.7	99.6	120.7
	电流为 0.6A 时	111.4	136.8	153.3

根据表 3-12 中的数据，绘制得到样本温升随电阻值变化曲线，如图 3-12 所示。

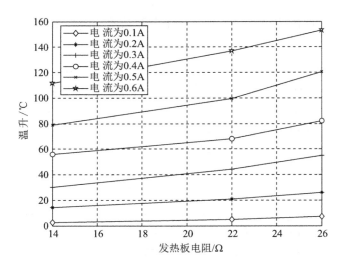

图 3-12 样本温升随电阻值变化曲线（厚度为 20 μm）

由图 3-11 和图 3-12 可以看出，当样本厚度和电流一定时，发热板温升随平均电阻值的增加呈上升趋势，在一定时间范围内，当给定电流一定时，发热板电阻值越高，温升越高。

3.4 纳米碳纤维发热板的电热性能研究

3.4.1 加热板通电后温度随时间的变化

对纳米碳纤维发热板通以恒定直流电源，进行电热性能研究。以含碳量为 3.125% 的样本为研究对象，进行通电实验与温度测试，得到不同电流下发热板温度随时间变化情况，如表 3-13 所示。根据表 3-13 中的数据，绘制得到纳米碳纤维板温度随时间变化曲线，如图 3-13 所示。

表 3-13 纳米碳纤维发热板温度随时间变化情况（含碳量为 3.125%）

时间 /min	不同电流下的最高温度 /℃						
	0.01A	0.02A	0.03A	0.04A	0.05A	0.06A	0.07A
0	22.7	22.3	21.7	22.3	22.6	22.3	21.9
2	22.6	24.1	26.9	34.6	36.7	44.9	50.2

续表

时间 /min	不同电流下的最高温度 /℃						
	0.01A	0.02A	0.03A	0.04A	0.05A	0.06A	0.07A
4	22.5	24.9	28.9	35.8	42.1	51	61.3
6	22.5	25.5	30.4	37	45.9	55.8	66.5
8	22.5	26.0	31.2	39	48.5	58.8	70.9
10	22.7	26.4	32.3	39.9	49.6	61.1	73.1
12	23	26.8	32.6	41	51	62.8	75.7
14	—	—	33.1	—	—	—	—

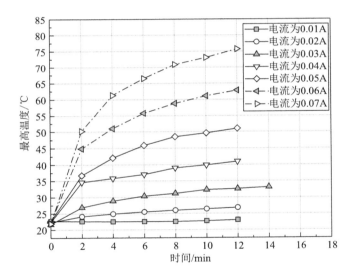

图 3-13　纳米碳纤维发热板温度随时间变化曲线

由图 3-13 可以看出，纳米碳纤维板通电实验后，发热板表面温度随时间稳步升高，随着直流电流值的增大而增大，发热板温度也随之升高。

3.4.2　加热板通电后温升随电流的变化

选取 4 块含碳量不同的纳米碳纤维发热板，通以不同的电流进行实验，检测发热板从通电开始到结束时升高的温度值，即温升。表 3-14 所示为纳米碳纤维发热板的温升随电流变化情况。

表 3-14　纳米碳纤维发热板温升随电流变化情况

含碳量 /%	方块电阻 /Ω	电流 /A	温升 /℃
6.25	178	0.1	60.7
		0.11	73.2
		0.12	84
		0.13	95
		0.14	107.5
		0.15	118.7
12.50	90	0.1	35.6
		0.12	48
		0.13	57.5
		0.14	63.3
		0.16	80.3
		0.18	98.4
25	84.58	0.1	28
		0.12	39.7
		0.14	51
		0.16	69.4
		0.18	87
50	44.76	0.1	23.7
		0.12	29.7
		0.14	42.3
		0.16	58.3
		0.18	68.8

　　根据表 3-14 中的数据，绘制得到纳米碳纤维发热板温升随电流变化曲线，如图 3-14 所示。

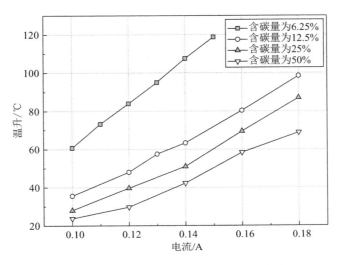

图 3-14 纳米碳纤维发热板温升随电流变化曲线

4 个样本虽然含碳量不同，但通电温升均随电流的增加而变高。焦耳定律给出了热量与电流、电阻等的关系，即电流通过导体所产生的热量与流经导体的电流的平方成正比，和通电时间成正比。本实验与焦耳定律相一致，当给样本通以的电流越大，其产生的热量也越多，造成的温升也越高。

3.4.3 加热板通电后温升随电阻的变化

由 3.4.2 条的结论可知，含碳量越高，发热板电阻值越低，图 3-14 中的 4 个样本所测得平均电阻值也正符合此结论，含碳量为 6.25%、12.5%、25%、50% 的几个样本，平均电阻值依次降低。纵向观察图 3-14 可以看出，通以同一电流，样本温升随着其电阻值的增大而升高。同样根据焦耳定律可得，导体在同一电流下产生的热量与其阻值成正比，即电阻越大，样本产生的热量也就越多。

参考文献

[1] 李昕，郭建喜 . 导电涂料的作用机理及应用 [J]. 天津化工，2011, 25(3):12-16.

▶▶▶ 第 4 章

水性上光油干燥控制系统

印刷品涂布上光油后，需经过干燥系统的烘干固化，才能完成上光工艺过程。上光工艺可以配备不同的干燥装置，如红外线干燥装置、热风干燥装置、紫外线固化装置等，本书采用的是以碳基材料为发热源的热风干燥装置。通过对上光机配以相应的干燥控制系统，实现干燥室中热空气的温度控制、热风流速调节及印刷品传动控制等，完成印品的上光干燥过程。本书采用两种设计方案对上光干燥控制系统进行控制：一种是采用以树莓派（Raspberry Pi）为核心控制器进行控制，另一种是采用以可编程控制器（PLC）为核心 CPU 进行控制。

4.1 基于树莓派的干燥控制系统

4.1.1 系统硬件框图

印刷品经过水性上光油涂布后，传送至干燥箱进行干燥，干燥温度直接影响印刷品的质量。水性上光机干燥系统通过调控执行机构碳基热源散发的热量，来实现对印刷品水性上光油的干燥过程。在分析上光油干燥需求的基础上，设计基于树莓派的水性上光油干燥控制系统，其硬件框图如图 4-1 所示。干燥控制系统包括控制核心树莓派 4B、执行机构碳基发热模块、信号采集温度检测模块、各类通信模块等。

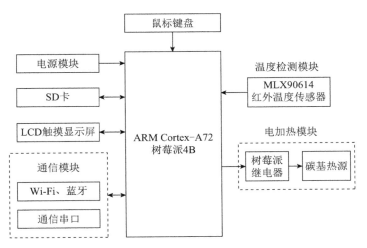

图 4-1　基于树莓派的水性上光油干燥控制系统硬件框图

温度传感器检测干燥箱体内碳基发热源表面的实际温度，将信号反馈给控制器进行处理与计算，驱动继电器控制热源工作状态，调节箱体内热空气温度。同时开启风机，配合碳基热源进行热风干燥，最终使箱体内温度稳定达到设定值，干燥箱底部印品的表面温度达到干燥需求。通常，印品的表面温度低于碳源发热温度，实现印品上光油的快速干燥。基于树莓派的水性上光油干燥控制系统硬件接线图如图 4-2 所示，包括控制内核树莓派 4B、树莓派电源适配器、红外温度传感器 MLX90614、树莓派继电器模块、碳基加热板等。其中，MLX90614 与树莓派采用 SMBus 协议通信，红外温度传感器将采集的模拟信号经 AD 转换后得到的数字信号传输给树莓派 4B，二者需要连接相应的电源与通信的 4 个管脚。树莓派经控制策略计算后，将控制信号经继电器模块调控碳基发热源。为了便于操作与保护设备，在市电与继电器模块及碳基发热源之间，串联一个空气开关。

4.1.2　控制内核选择

常用的计算机控制系统的控制内核有许多种，如可编程逻辑控制器 PLC（Programmable Logic Controller）、微控制器 MCU（Microcontroller Unit）、工控机 IPC（Industrial Personal Computer）和嵌入式片上开发系统等。PLC 作为现代工业自动化三大技术之一，其可靠性高，性能稳定，易于联网和进行系统扩展，但是不易实现复杂控制算法。因此，ARM 系列嵌入式微处理器

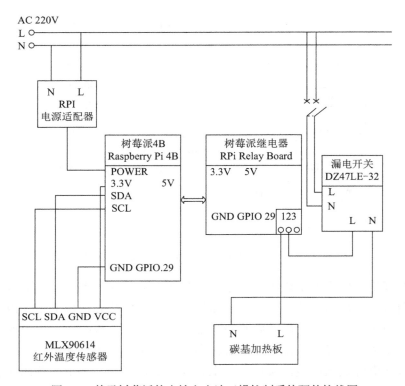

图 4-2　基于树莓派的水性上光油干燥控制系统硬件接线图

相继出现，用于满足更高的处理需求。工控机 IPC 作为专门用于工业的 PC机，抗干扰能力强，软、硬件资源丰富，但是经济成本比较高。微控制器体积小、功耗低，但可扩展性差。树莓派是一款卡片式计算机，只有信用卡大小，却搭载着 CPU、图形处理器、USB 控制器、内存等，是一个小型计算机，可以将其连接显示器、鼠标、键盘等设备进行使用。相较传统计算机，树莓派价格低廉，功耗更低，且拥有 GPIO 数模转换接口，可以控制各种传感器、电动机等，具有提供网络和音视频相关各种服务、编程学习、搭建原型产品、作为智能设备控制中心、连接硬件进行数据采集分析等多种用途。本设计方案采用树莓派作为主控器件，构建水性上光油干燥控制系统。

　　树莓派有 A 型和 B 型两种型号，A+ 型和 B+ 型分别是 A 型和 B 型的升级版本，B 型的可扩展性较 A 型更为优越，因此也更多选用树莓派 B 型。树莓派 B 型也发布了多个版本，主要的几种 B 型树莓派性能对照如表 4-1 所示。

表 4-1　B 型树莓派各版本性能对照

型号	树莓派 2 B	树莓派 3 B	树莓派 4B
SOC	BCM2836/7	BCM2837	BCM2711
CPU	ARM Cortex-A7 900MHz 四核	ARM Cortex-A53 1.2GHz 64 位四核	ARM Cortex-A72 1.5GHz 64 位四核
RAM	1GB	1GB	1GB/2GB/4GB/8GB
USB	USB2.0×4	USB2.0×4	USB2.0×2 USB3.0×2
视频接口	HDMI 接口, 分辨率最高为 1920×1200	HDMI 接口, 分辨率最高为 1920×1200	Micro HDMI 接口 ×2，支持双屏输出，最大分辨率为 4K 60Hz+1080p 或 2×4K 30Hz
网络接口	10/100 以太网接口	10/100 以太网接口，内置 Wi-Fi、蓝牙	千兆以太网接口，内置 Wi-Fi（2.4GHz/5GHz）、蓝牙 5.0/BLE
功耗	350~1800mA	400~2500mA	600~3000mA
电源接口	MicroUSB 5V	MicroUSB 5V	USB Type-C 5V

　　分析对比上述几种 B 型树莓派性能参数，最终选用树莓派 4B 作为主控器件，其外观如图 4-3 所示。处理器是 1.5GHz 的 Cortex-A72，具有 1~8GB 多种自选内存，支持双 HDMI 4K 显示器、千兆以太网、蓝牙 5.0、USB3.0 等。树莓派 4B 的处理器速度、内存和多媒体等相较其他版本更加优秀，可以很好地支持干燥温度的控制。

图 4-3　树莓派 4B 主机

树莓派拥有一组 GPIO 接口，可以通过它与外部硬件连接，实现与外部的交互，如与外部硬件进行数据交互、读取外部硬件工作状态、控制外部硬件工作。树莓派 4B 的 GPIO 引脚及编号如图 4-4 所示。图中外侧数字编号为 BCM 编号，内侧按从左到右、从上到下、左奇右偶排列的编号为物理引脚编号，包括电源接口 3.3V 及 5V，串口通信接口 TXD/RXD，IIC 协议通信接口 SDA/SCL。

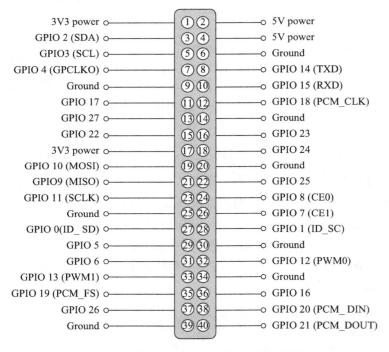

图 4-4　树莓派 4B 的 GPIO 接口引脚及编号

4.1.3　温度传感器选择

温度采集模块通过温度传感器检测干燥箱内实时温度值，并将测得的温度值转换为数字信号，经由树莓派 4B 读取处理。根据水性上光油干燥系统控制的要求，选择红外温度传感器 MLX90614 作为碳基发热板的温度检测传感器，其体积大小、检测精度、灵敏度以及测量方式符合干燥温度控制需求，其外观如图 4-5 所示。

图 4-5　红外温度传感器 MLX90614

4.1.3.1　性能简介

温度传感器 MLX90614 是一款非接触式传感器，因其集成了红外感应热电堆探测器，通过红外辐射的热效应得到被检测物的温度。MLX90614 传感器精度高，在 0~50℃ 范围内的测量精度为 ±0.5℃；分辨率高，可达 0.02℃；出厂带校准，可带热梯度补偿。MLX90614 工作电源可以为 3.3V 或 5V，工作环境温度为 -40~85℃，检测物温度范围为 -70~380℃。MLX90614 支持 SMBus 兼容两线通信协议和 PWM 两种输出模式，图 4-6 所示为 MLX90614 的电源电路及输出管脚，包括电源管脚 VCC、接地管脚 GND、数字信号管脚 SDA 和时钟管脚 SCL。

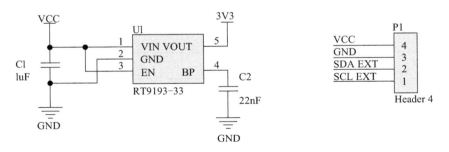

图 4-6　MLX90614 的电源电路及输出管脚

温度传感器 MLX90614 的 VCC 引脚可由 3.3V 直流电压供电，SDA 管脚、SCL 管脚分别连接上拉电阻，将 SDA 引脚和 SCL 引脚钳位在高电平，如图 4-7 所示。

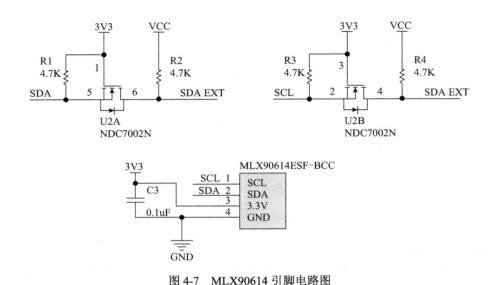

图 4-7 MLX90614 引脚电路图

4.1.3.2 MLX90614 信号处理

MLX90614 芯片集成了 MLX81101 红外感应热电堆传感器和 MLX90302 信号处理芯片[1]。MLX90614 芯片通过两个红外探测器可同时检测环境与被测物温度。检测到的温度信号再由 MLX90302 进一步调整与转换：温度信号首先由放大器 OPA 进行信号放大，再由模块转换器 ADC 将模拟信号转化为数字信号，接下来数字信号单元 DSP 对信号进行处理，然后把处理过的数据存入芯片的 RAM 中。最后将 MLX90614 传感器温度信号输出给树莓派 4B，可以用 PWM 或者 SMBus 模式输出，其功能框图如图 4-8 所示。

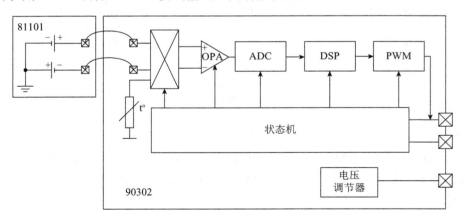

图 4-8 MLX90614 功能框图

4.1.4　执行机构

在水性上光机干燥系统中，需要通过执行元件继电器来实现对碳基热源的运行与停止的控制，从而调节上光机干燥箱的热风温度。通过继电器线圈的导通，实现其触点对应回路的接通与关断，借助小电流来控制大电流，实现电路逻辑的传递。根据系统控制需求和其余硬件的情况，本设计方案选用的继电器执行机构是微雪的树莓派继电器拓展板，如图 4-9 所示。

图 4-9　树莓派继电器

该继电器扩展板专门为树莓派设计，通过树莓派的 GPIO 接口与树莓派系列主板直接相连。该树莓派继电器有 40 个管脚，与水性上光机干燥系统的主控芯片树莓派 4B 的引脚相对应，树莓派继电器的 GPIO 接口电路如图 4-10 所示。

树莓派继电器提供了三个继电器，即有三路继电器输出回路：CH1、CH2、CH3，它们的 Wiring Pi 编号为 P25、P28、P29，如图 4-11 所示。树莓派继电器扩展板通过连接板上不同的跳线帽，可以选择不同继电器工作通道，即切换继电器对应的引脚进行后面电路控制。

树莓派继电器的 CH1、CH2、CH3 三个通道通过如图 4-11 所示的引脚与外部电路连接，其工作电平为低电平有效，每个通道有相应的指示灯表示继电器的工作状态。该扩展板可带负载为 5A、250V 以内的交流负载或 5A、30V 以内的直流负载。该扩展板具有较好的抗干扰性，板内的光耦 PC817 芯片能隔离主控板与负载的电路。

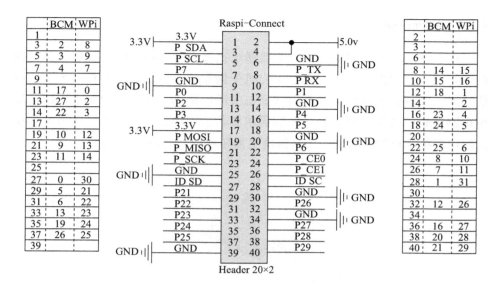

图 4-10 树莓派继电器 GPIO 接口电路

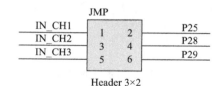

图 4-11 树莓派继电器通道

树莓派继电器拓展板三通道的工作原理如图 4-12 所示。以 CH1 通道为例，当树莓派的 GPIO 输出给扩展板树莓派继电器的 IN_CH1 管脚的信号为 0 时，光耦 U1 中的二极管、三极管导通，Q1 导通，继电器的线圈得电，其触点状态发生改变，常开触点导通接通负载；当树莓派继电器的 GPIO 输出给扩展板树莓派继电器的 IN_CH1 管脚的信号为 1 时，U1 截止，Q1 截止，继电器的线圈不得电，其触点状态不改变。[2]

4.1.5 显示屏

在水性上光机干燥控制系统中，利用显示屏可以对干燥系统的运行进行检测与控制。图 4-13 所示为 CreateBlock 的 10 英寸触摸屏，分辨率为 1024px×600px，支持 USB 和 HDMI 接口。该触摸屏有显示与触摸两种功能，适用于树莓派、英伟达和 Windows。用于树莓派时，支持基于 Linux 多种桌面操作系统；用作计算机显示器时，支持操作系统 Windows 11/10/8.1/8/7。带触摸功能的显示屏在承担显示屏功能的同时，便于控制上光油干燥系统的实施运行。

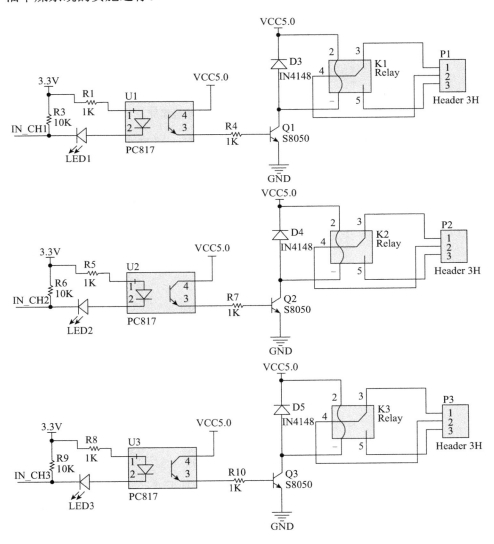

图 4-12　树莓派继电器工作原理图

图 4-13　上光机干燥控制系统触摸屏

图 4-14 所示为 LCD 显示屏的硬件电路图。屏幕亮度可以通过 PWM 信号控制，提高 PWM 占空比可使屏幕亮度越高，PWM 的开关频率可设为 1K。PWM 信号的高电平即通过控制 BL_EN 引脚输入为 1 时，背光灯开启；PWM 信号的低电平即通过控制 BL_EN 引脚输入为 0 时，背光灯关闭。

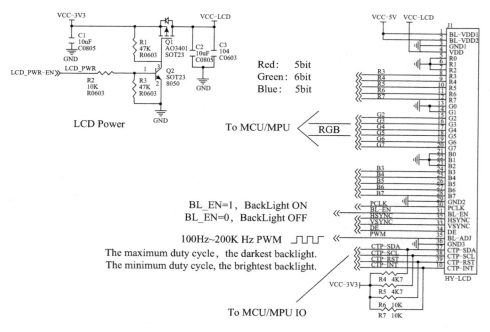

图 4-14　显示屏电路图

4.2　基于 PLC 的干燥控制系统

4.2.1　系统硬件框图

本书设计了针对水性上光油的印刷机上光油干燥系统，并制备了基于碳基材料的发热板作为干燥源。干燥系统由箱体、电源、控制系统、纳米碳电热板、通风部分等组成。印品涂布水性上光油后，传送至干燥箱进行干燥，干燥温度直接影响印品的质量。温度传感器检测干燥箱体内的实际温度，将温度信号反馈给控制器进行处理与计算，并驱动发热板进行加热，调节箱体内热空气的温度。同时，控制变频器调节风机转速，配合加热板进行热风干燥。上光油干燥效果还受多种因素影响，如印品的传送速度，控制系统通过伺服驱动系统对其进行控制。基于 PLC 的上光机干燥控制系统硬件框图如图4-15 所示。

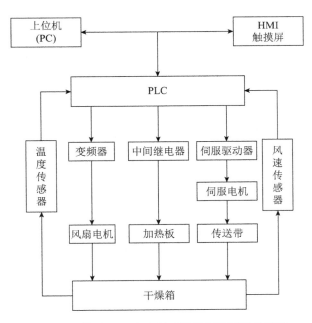

图 4-15　基于 PLC 上光机干燥控制系统硬件框图

本设计方案通过上位机编写 PLC 的控制程序及设计触摸屏的交互界面，使用通信接口实现触摸屏与上位机、上位机与 PLC、触摸屏与 PLC 三者之间彼此两两通信，程序编写完成后下载到西门子 S7-1500 与西门子触摸屏上。

PLC 输出给定信号至中间继电器、变频器及伺服驱动器，而后伺服驱动器再输出给定值至伺服电机，伺服电机通过传动装置带动传送带，变频器输出至风扇电机，此时加热板、传送带、风扇可以实现同时输出作用于被控对象干燥箱。温度传感器作为主要检测机构，将干燥箱内温度转化为标准的电信号，作为 PLC 的输入。利用控制算法来控制中间继电器的开合状态，从而调节执行机构加热板的加热时间，实现干燥箱内部温度达到预期值并稳定的目的。

　　基于 PLC 的上光机干燥系统以西门子 S7-1500 为核心控制器，该控制器由电源模块、CPU 模块、数字量输入模块、数字量输出模块、模拟量输入模块、模拟量输出模块等组成。PLC 系统与触摸屏通过以太网协议进行通信。借助触摸屏上的人机界面 HMI（Human Machine Interface），可实时监测系统运行状态和设置系统控制参数，其硬件组成如图 4-16 所示。S7-1500 的 CPU1511-1 支持多种编程方式：梯形图 LAD（Ladder Diagram）编程、结构化控制语言 SCL（Structured Control Language）编程。SCL 是符合国际标准 IEC61131-3 的结构化文本，其语言格式更接近高级语言的表达形式。SCL 的编程方式支持 PLC 的输入与输出信号之间更复杂的逻辑关系，便于运算复杂的控制算法的实现，为后面采用模型化设计方法中的可编程 CPU 代码的实现奠定了编程语言基础。

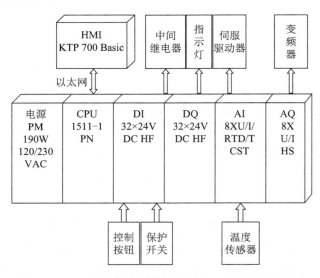

图 4-16　上光机干燥系统西门子 S7-1500 控制器的组成

4.2.2　控制系统硬件选择

4.2.2.1　PLC 控制器

在本研究中，有若干个数字量输入、若干个数字量输出、两个模拟量输入，因为执行机构是由 PWM 波来输出的，所以没有模拟量输出。因此，在西门子 PLC S7-1500 中，需要选择中央处理器（CPU）、数字量输入（DI）、数字量输出（DQ）、模拟量输入（AI）模块各一个。又因为这些模块只能支持 24 V 电压，而不能承受 220V 电压，所以还需要一个电源模块（PM）。本研究所选用的西门子 S7-1500 模块的型号、订货号以及版本如表 4-2 所示，图 4-17 所示为西门子 S7-1500 控制系统的实物图。

表 4-2　西门子 S7-1500 模块的型号、订货号和版本

模块类型	型号	订货号	版本
电源模块	PM 190W 120/230VAC	6EP1333-4BA00	—
中央处理器	CPU 1511-1PN	6ES7 511-1AK02-0AB0	V2.6.1
数字量输入模块	DI 32×24VDC HF	6ES7 521-1BL00-0AB0	V2.1.4
数字量输出模块	DQ 32×24VDC/0.5A HF	6ES7 522-1BL01-0AB0	V1.1.1
模拟量输入模块	AI 8×U/I/RTD/TC ST	6ES7 531-7KF00-0AB0	V2.2.0
导轨	Simatic S7	6ES7 590-1AF30-0AA0	

图 4-17　西门子 S7-1500 控制系统实物图

电源模块作为外部电源给负载提供 24V 直流电源，本研究使用的电源模块为 PM 190W 120/230VAC，其相关参数如表 4-3 所示。

表 4-3　电源模块的相关参数

型号	PM 190W 120/230 VAC
输入	单相交流、范围自适应
供电电压	1 AC 时，120 V；2AC 时，230V
输入电压	1AC 时，87～132 V；2AC 时，170～264 V
电源频率范围	45～65 Hz
输出	调节后、零电位直流电压
额定 DC 电压	24 V
起动延迟，最大值	1.5 s
电流范围	0～8 A
输出的有效功率	192 W
功耗	21 W
尺寸（W×H×D）	75mm×147mm×129mm

中央处理器的主要功能是解释计算机指令以及处理数据。本研究使用的 CPU 型号为 CPU1511-1PN，其相关参数如表 4-4 所示。

表 4-4　中央处理器的相关参数

型号	CPU 1511-1PN
电源电压	24 V DC
显示屏幕对角线	3.45 cm
按键数量	8 个
SIMATIC 存储卡插槽数量	1 个
SIMATIC 存储卡内存	32 Gbyte
耗用电流（额定值）	0.7 A
功率损失（典型值）	5.7 W
来自背板总线的功耗	5.5 W
CPU 组件的元素数量	4000
DB 容量，最大值	1 Mbyte
FB 容量，最大值	150 kbyte
FB 容量，最大值	150 kbyte
OB 容量，最大值	150 kbyte
外设地址范围（输入端）	32 kbyte
外设地址范围（输出端）	32 kbyte
尺寸（W×H×D）	35mm×147mm×129mm

本研究使用的数字量输入模块型号为 DI 32×24VDC HF，是一个 32 通道的增强型模块，其相关参数如表 4-5 所示。

表 4-5　数字量输入模块的相关参数

型号	DI 32×24 VDC HF
额定电压	24 V DC
输入电流的耗用电流	40 mA；24 V DC 供电时每组 20 mA
来自背板总线的功率输出	1.1 W
功率损失，典型值	4.2 W
数字输入端数量	32 个
计数器计数频率，最大值	3 kHz
计数器计数宽度	32 bit
尺寸（W×H×D）	35mm×147mm×129mm

本研究使用的数字量输出模块型号为 DQ 32×24VDC/0.5A HF，也是一个 32 通道的增强型模块，额定电流为 0.5 A，其相关参数如表 4-6 所示。

表 4-6　数字量输出模块的相关参数

型号	DQ 32×24VDC/0.5A HF
额定电压	24 V DC
输入电流的耗用电流，最大值	60 mA
来自背板总线的功率输出	1.1 W
功率损失，典型值	3.5 W
数字输出类型	晶体管
数字输出端数量	32 个
负载电阻范围	48 Ω ～ 12 kΩ
尺寸（W×H×D）	35mm×147mm×129mm

本研究使用的模拟量输入模块型号为 AI 8×U/I/RTD/TC ST，是一个 8 通道的标准型模块，可以有多种类型的输入，如电压、电流、热电阻、热电偶，其相关参数如表 4-7 所示。

表 4-7　模拟量输入模块的相关参数

型号	AI 8×U/I/RTD/TC ST
额定电压	24 VDC
输入电流的耗用电流，最大值	240 mA
来自背板总线的功率输出	0.7 W
功率损失，典型值	2.7 W
模拟输入端数量	8 路
电压／电流测量时	8 路
测量电阻／电阻型热电偶时	4 路
测量热电偶时	8 路
线性错误	0.02 %
温度错误	0.005 %K
尺寸（W×H×D）	35mm×147mm×129mm

4.2.2.2　西门子触摸屏

　　为了便于实现对水性上光油干燥控制系统的操作与监控，在该系统中添加了一个西门子触摸屏，KTP700 基本版的精简面板实物如图 4-18 所示，可以在触摸屏上设计系统所需要的若干按钮、指示灯等。触摸屏是一种简单方便的人机交互方式。本研究所使用的触摸屏型号为 KTP700 Basic color PN，相关参数如表 4-8 所示。

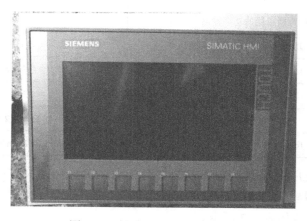

图 4-18　触摸屏 KTP700 实物图

表 4-8　触摸屏 KTP700 的相关参数

型号	KTP700 Basic color PN
屏幕宽度	154.1 mm
屏幕高度	85.9 mm
水平图像分辨率	800 pixel
垂直图像分辨率	480 pixel
额定电压	24V DC
输入电流的耗用电流（额定值）	230 mA
处理器类型	ARM
用户可用存储器	10 Mbyte
尺寸（W×H×D）	35mm×147mm×129mm

参考文献

[1]　Mukhammad Y, Hyperastuty A S. Sensitivitas Sensor MLX90614 Sebagai Alat Pengukur Suhu Tubuh Tubuh Non-Contact Pada Manusia[J]. Indonesian Journal of Professional Nursing, 2021，1(2):51-53.

[2]　薛霏 . 基于树莓派的储热式电锅炉自动控制系统研制 [D]. 石家庄 : 石家庄铁道大学，2019.

第 5 章
上光干燥控制算法设计

5.1 上光干燥控制系统分析模型

干燥箱是上光机的重要组成部分，控制干燥的结果将会影响上光油的复合效果。上光机干燥控制系统主要由干燥温度给定环节、干燥箱温度控制器、干燥箱加热执行机构、干燥箱热风温度检测环节等组成。在干燥箱控制系统中，干燥箱给定温度环节主要由上光印刷品的传送速度和风机的送风量来综合决定，二者的变化将直接影响着干燥箱的给定温度。上光机干燥箱温度控制原理如图 5-1 所示。

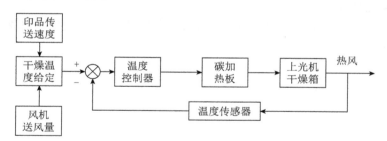

图 5-1　上光机干燥箱温度控制原理

5.2 干燥箱被控对象

通过分析干燥箱这一被控对象的工作原理，建立相应的数学模型，才能设计更适合上光机干燥环节的控制算法与系统。然而，构建干燥箱详细的数学模型存在着一定的困难，因为上光机干燥部分随着上光工艺、干燥箱机械结构和承印物的不同而不同。在本书实验中，上光机干燥系统的工作原理是，通过改变其温度控制系统的执行机构碳加热板的工作功率，并辅以控制送风电扇促进箱体中空气的流动，进而改变箱体中热风的温度，加速印刷品的固化上光过程，所以本系统中主要被控参数是箱体内的空气温度。对于具有滞后特性的温度这类物理量，通常采用带纯滞后因子的惯性模型来表达，见式（5-1）。

$$G(s) = \frac{K_m e^{-\tau s}}{1 + T_m s} \qquad (5-1)$$

式中，K_m 为系统增益；T_m 为时间常数；τ 为纯滞后因子。具体参数由干燥箱内部空间结构、保温措施、空气流动速度、电气元件执行速度等综合决定，干燥箱内部空间越大，需加热的空气量越大，散热面积越大，纯滞后因子越大；保温措施越得当，控制流动速度越快，器件执行速度越快，会使环境温度更迅速达到期望值，时间常数越短。采用工程中的飞升曲线进行测试与机理建模，经拟合得到被控对象的表达式（5-2）。[1, 2]

$$G(s) = \frac{2.2 e^{-50s}}{1 + 80s} \qquad (5-2)$$

本干燥系统的参数是通过实验的方法获得的，将阶跃信号作为干燥箱的温度给定信号，待系统运行稳定，记录系统的温度响应曲线，多次试验后取被控对象的三个参数平均值，即 $K_m = 2.2$, $T_m = 80s$, $\tau = 50s$。

5.3　干燥控制算法

5.3.1　PID 控制算法

PID（Proportion Integration Differentiation）控制算法是目前控制领域中应用最广泛的一种控制策略，P、I、D 分别代表了控制算法中的比例、积分、微分，控制器的输入信号为系统偏差，则 PID 输出为系统被控参数误差的比例环节、积分环节与微分环节的组合。系统的误差为系统的给定信号与实际响应的差值，经过 PID 运算后输出给执行机构，促使被控对象的输出参数以稳定有静差或无静差的形式跟随系统的给定值，使之运行稳定。式（5-3）表示 PID 控制器的输入，即系统偏差。

$$e(t) = c(t) - r(t) \qquad （5-3）$$

式中，$r(t)$ 表示系统给定信号值；$c(t)$ 表示系统实际响应值；$e(t)$ 表示系统偏差。基于 PID 控制器的原理如图 5-2 所示，水性上光机干燥部分的温度控制系统采用 PID 控制策略，被控参数为热空气温度，通过求解其温度偏差，经控制策略运算输出给中间继电器和碳基加热源，驱使干燥箱中的热风温度达到给定值。

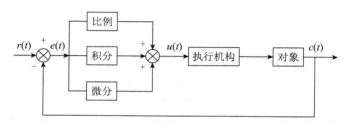

图 5-2　基于 PID 控制器的系统原理

PID 控制算法在连续系统中的时域表达式如式（5-4）所示。

$$u(t) = K_p e(t) + \frac{K_p}{T_i}\int_0^t e(t)\mathrm{d}t + K_p T_d \frac{\mathrm{d}e(t)}{\mathrm{d}t} \qquad （5-4）$$

PID 控制算法在连续系统中的复域表达式如式（5-5）所示。

$$U(s) = K_p E(s) + K_i \frac{E(s)}{s} + K_d sE(s) \qquad （5-5）$$

式中，K_p 为比例环节系数，K_i 为积分环节系数，K_d 为微分环节系数。

将 PID 控制器进行离散化处理，将数字 PID 控制策略引入水性上光机干燥设备的控制系统中，数字 PID 控制算法的复域结构如图 5-3 所示。

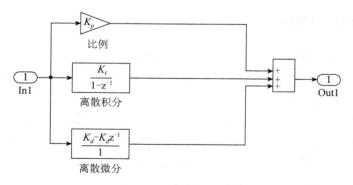

图 5-3　离散 PID 控制算法的复域结构

5.3.2　大林算法

5.3.2.1　控制策略

水性上光机干燥设备控制系统的被控对象为干燥箱，利用碳基热源控制其温度参数具有纯滞后的特性，本系统提出采用大林算法对纯滞后特性进行补偿。基于大林算法的计算机控制系统原理如图 5-4 所示。

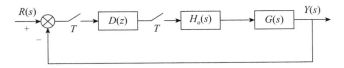

图 5-4　基于大林算法的计算机控制系统原理

在图 5-4 中，$D(z)$ 为计算机控制器的离散控制器，$G(s)$ 为系统的被控对象即干燥箱，$H_0(s)$ 为零阶保持器，$R(s)$ 为系统的干燥给定温度，$Y(s)$ 为系统实际输出的热空气温度。

本系统的研究对象为水性上光机的干燥箱，被控参数为干燥箱中的热风温度。干燥系统具有较大的惯性环节，温度控制具有纯滞后特性。依据其运行原理，得到其数学模型，见式（5-6）。

$$G(s) = \frac{Ke^{-\tau s}}{1 + T_1 s}, \quad \tau = lT(l = 1, 2, \cdots) \tag{5-6}$$

式中，τ 为被控对象的纯滞后时间，是采样周期的整数倍；T_1 为被控对象的惯性时间常数；K 为被控对象的增益系数；T 为采样周期。

大林算法通过设计被控对象的数字控制器 $D(z)$，使计算机控制系统的闭环传递函数 $\varphi(s)$ 为一阶惯性环节和纯滞后环节的串联，见式（5-7）。

$$\varphi(s) = \frac{e^{-\tau s}}{1 + T_2 s}, \quad \tau = lT(l = 1, 2, \cdots) \tag{5-7}$$

式中，T_2 为闭环系统的惯性时间常数，纯滞后时间因子 τ 不变。

通过保持器 $H_0(s)$ 可将在时间上离散的控制信号在采样点之间被保持，以便作用于时间上连续的被控对象上，零阶保持器 $H_0(s)$ 传递函数见式（5-8）。

$$H_0(s) = \frac{1 - e^{-\tau s}}{s} \tag{5-8}$$

对 $\varphi(s)$ 采用零阶保持器法进行离散化处理，得到的计算机控制系统的闭

环脉冲传递函数 $\varphi(z)$，见式（5-9）。

$$
\begin{aligned}
\varphi(z) &= \frac{Y(z)}{R(z)} \\
&= Z\big[H_0(s)\varphi(s)\big] \\
&= Z\left[\frac{1-e^{-Ts}}{s} \times \frac{e^{-\tau s}}{1+T_2 s}\right] \\
&= \frac{\left(1-e^{-T/T_2}\right)z^{-l-1}}{1-e^{-T/T_2}z^{-1}}
\end{aligned} \tag{5-9}
$$

对式（5-6）的被控对象进行离散化处理，可得到其广义对象表达式，见式（5-10）。

$$
HG(z) = Z\left[\frac{1-e^{-Ts}}{s} \times \frac{Ke^{-lTs}}{1+T_1 s}\right] = Kz^{-(l+1)}\frac{\left(1-e^{-T/T_1}\right)}{1-e^{-T/T_1}z^{-1}} \tag{5-10}
$$

由上述公式，可推导出大林算法的数字调节器 $D(z)$ 的表达式，见式（5-11）。

$$
\begin{aligned}
D(z) &= \frac{\varphi(z)}{HG(z)\big[1-\varphi(z)\big]} \\
&= \frac{\left(1-e^{-T/T_2}\right)\left(1-e^{-T/T_1}z^{-1}\right)}{K\left(1-e^{-T/T_1}\right)\left[1-e^{-T/T_2}z^{-1}-\left(1-e^{-T/T_2}\right)z^{-(l+1)}\right]}
\end{aligned} \tag{5-11}
$$

可将式（5-11）化简为式（5-12），方便程序表达与运算。

$$
D(z) = \frac{U(z)}{E(z)} = \frac{a-bz^{-1}}{1-cz^{-1}-dz^{-l-1}} \tag{5-12}
$$

式中

$$
a = \frac{\left(1-e^{-T/T_2}\right)}{K\left(1-e^{-T/T_1}\right)}, \quad b = \frac{e^{-T/T_1}-e^{-\frac{T}{T_1}-\frac{T}{T_2}}}{K\left(1-e^{-T/T_1}\right)}, \quad c = e^{-T/T_2}, \quad d = \left(1-e^{-T/T_2}\right)
$$

5.3.2.2 建立数学模型

设计干燥箱的控制器之前，首先需要分析被控对象的性能。通过分析碳基热源的发热原理和干燥箱中空气加热的过程，初步设定干燥箱的数学模型为一阶惯性带纯滞后的被控环节，通过实验法确定其传递函数。给干燥箱的执行机构碳基热源板通以 220V 的交流电源，利用红外温度传感器测温并记录干燥箱中加热板附近的温度，得到其温度响应曲线。分析实验结果，得到被控对象的纯延迟时间 t_1=40s，实验加热板初始温度 C_0=24.6℃，实验加热板稳定温度 C_1=150℃，达到稳定温度的时间 t_2=330s，由以上数据计算 τ、T_1 及 K，见式（5-13）、式（5-14）、式（5-15）。

$$\tau = t_1 = 40s \tag{5-13}$$

$$T_1 = \frac{t_2 - t_1}{4} = \frac{330 - 40}{4} = 72.5 \tag{5-14}$$

$$K = \frac{C_1 - C_0}{C_1} = \frac{150 - 24.6}{150} = 0.84 \tag{5-15}$$

将上述计算结果带入函数公式，得到 $G(s)$，见式（5-16）。

$$G(s) = \frac{Ke^{-\tau s}}{T_1 s + 1} = \frac{0.84e^{-40s}}{72.5s + 1} \tag{5-16}$$

由 $\tau = lT$，令采样周期为 1s，则 l=40，令 T_2=40，可得 $\varphi(s)$ 及 $D(z)$，分别见式（5-17）、式（5-18）。

$$\varphi(s) = \frac{e^{-\tau s}}{1 + T_2 s} = \frac{e^{-40s}}{1 + 40s} \tag{5-17}$$

$$
\begin{aligned}
D(z) &= \frac{\varphi(z)}{HG(z)\left[1 - \varphi(z)\right]} \\
&= \frac{\left(1 - e^{-T/T_2}\right)\left(1 - e^{-T/T_1} z^{-1}\right)}{K\left(1 - e^{-T/T_1}\right)\left[1 - e^{-T/T_2} z^{-1} - \left(1 - e^{-T/T_2}\right) z^{-(l+1)}\right]} \\
&= \frac{\left(1 - e^{-1/40}\right)\left(1 - e^{-1/72.5} z^{-1}\right)}{0.84\left(1 - e^{-1/72.5}\right)\left[1 - e^{-1/40} z^{-1} - \left(1 - e^{-1/40}\right) z^{-(40+1)}\right]} \\
&= \frac{0.025\left(1 - 0.986z^{-1}\right)}{0.0116\left[1 - 0.975z^{-1} - 0.025z^{-41}\right]} \\
&= \frac{2.155\left(1 - 0.986z^{-1}\right)}{\left(1 - 0.975z^{-1} - 0.025z^{-41}\right)}
\end{aligned}
\tag{5-18}
$$

由式（5-18）可得

$$D(z) = \frac{U(z)}{E(z)} = \frac{2.155\left(1 - 0.986z^{-1}\right)}{1 - 0.975z^{-1} - 0.025z^{-41}} \qquad (5\text{-}19)$$

则有：a=2.155，b=2.125，c=0.975，d=0.025。

把式（5-19）转变为控制器的时域表达形式，得到

$$u(k) = 0.975u(k-1) + 0.025u(k-40-1) + 2.155e(k) - 2.125e(k-1) \qquad (5\text{-}20)$$

5.3.3　Smith 补偿法

由于上述干燥控制系统中热风温度这一被控物理量具有纯延迟性，控制系统中采用 Smith 控制算法来消除干燥系统对象的时滞特性，使闭环系统等效被控对象中不再含有纯滞后环节。将 Smith 预估补偿器与系统原控制器相叠加，共同控制被控对象，实现其复合作用。由于 PID 控制策略控制效果显著，原理简单，在控制系统中被广泛应用，本书中把 PID 控制算法与 Smith 控制算法组合作用在水性上光机干燥控制系统中，形成 Smith-PID 复合算法[1]，综合发挥 PID 与 Smith 二者的优点。令干燥控制系统中热风温度参数的采样周期 $T = 0.01\text{s}$，则

$$\tau \approx lT \qquad (5\text{-}21)$$

所以纯滞后因子与采样周期的整数比为 l=5000。若用 $HG(s)$ 表示水性上光机干燥系统的被控对象，$HG'(s)$ 表示不含纯滞后环节的干燥系统对象，那么二者的相互关系为

$$HG(s) = H(s)G(s) = \frac{1 - e^{-Ts}}{s} \times \frac{K_m e^{-\tau s}}{1 + T_m s} = \frac{K_m\left(1 - e^{-Ts}\right)}{s(1 + T_m s)} e^{-\tau s} = HG'(s)e^{-\tau s} \qquad (5\text{-}22)$$

连续域中，Smith 控制策略的预估补偿器表达为

$$D_\tau(s) = HG'(s)(1 - e^{-\tau s}) \qquad (5\text{-}23)$$

由于计算机控制系统中的控制器为数字控制器，需要控制策略的离散表达形式，将 Smith 补偿器的连续表达形式进行离散化处理，得到其数字式为

$$D_\tau(z) = Z[HG'(s)(1 - e^{-\tau s})] = (1 - z^{-1})\frac{K_m\left(1 - e^{-\frac{T}{T_m}}\right)z^{-1}}{1 - e^{-\frac{T}{T_m}}z^{-1}} = (1 - z^{-5000})\frac{0.00022z^{-1}}{1 - 0.9999z^{-1}}$$

$$(5\text{-}24)$$

5.4　上光机干燥环节的仿真系统

5.4.1　上光机 Smith 控制算法的干燥仿真系统

本书为了对比 PID 控制策略与 Smith 控制策略对上光机干燥系统的控制效果，在同一仿真系统中涵盖了两个算法，上半部分为复合 Smith-PID 控制策略的干燥控制系统，下半部分为 PID 控制策略的干燥控制系统，如图 5-5 所示。

5.4.1.1　干燥仿真系统

每个仿真系统均由给定热风温度环节、控制器环节、被控对象环节等模块组成。为了增加二者的可比性，系统中除了 Smith 控制策略不同外，其余环节均相同，包括温度给定部分，被控对象部分，PID 控制器部分及具体控制参数等。在水性上光干燥系统中，由于上光工艺、运行环境、被干燥材质和干燥要求的不同，被控对象将发生变化，为了增加仿真系统的适用广度，该干燥系统对象的增益 K_m、时间常数 T_m 及滞后因子 τ 等参数，均用变量符号而不是具体常数来表达，以便被控对象的模型可根据具体情况而改变。

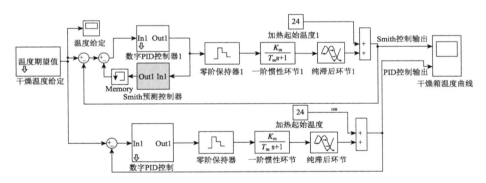

图 5-5　上光机干燥控制系统仿真模型

在图 5-5 所示的计算机控制仿真系统中，控制器采用的是数字控制器，干燥箱被控对象是连续的环节，二者相互组合形成数字模拟混合仿真系统，与实际工程系统更加逼近。本系统将采用模型化设计法，该设计方法要求执行控制器为数字控制器，需要进行数字化计算。水性上光干燥系统的硬件 CPU 为可编程逻辑控制器 PLC，在仿真系统中控制算法采用离散化表达也利于后期运用模型化设计法中 PLC 程序的实现。干燥系统的仿真实验采用的承印物大小为 307 mm×420 mm，承印物纸张定量为 130 g/m²，承印物传输速度上限为 5000 张 / 时；干燥箱中进风量上限为 3 立方米 / 分；承印物的干燥温度设定上限为 90℃。

5.4.1.2 给定干燥温度环节

  干燥系统的热风温度参考值是根据系统中上光工艺要求、印品传输速度和送风速度的具体情况而综合设定的。本仿真的给定热风温度环节如图 5-6 所示，干燥温度期望值综合考虑了上光机送风量 q 与印品传输速度 v 两个因素。在不同的送风量和印品传输速度情况下，得到不同的温度期望值，根据图 5-7 所示的二维表图，随着 q 与 v 的增加，干燥箱将增加热风温度给定值。如系统中 v 为 1000 张 / 时、q 为 1m³/min 对应的参考干燥给定温度为 70℃；v 为 2000 张 / 时、q 为 2m³/min 对应的参考干燥给定温度为 80℃；v 为 3000 张 / 时、q 为 3m³/min 对应的参考干燥给定温度为 90℃。

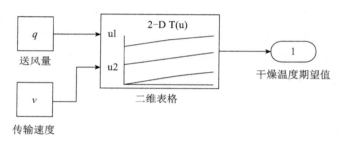

图 5-6 干燥系统温度给定模块仿真

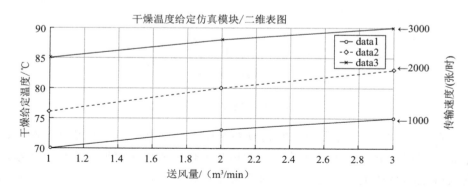

图 5-7 干燥温度与印品传输速度、送风量的关系

5.4.2　上光机大林控制算法的干燥仿真系统

同样，针对上光机干燥系统的纯滞后特性，也可以在系统中采用大林控制算法，利用 Simulink 仿真环境搭建水性上光机干燥控制系统模型。如图 5-8 所示，上半部分为采用数字 PID 控制算法，下半部分为采用大林控制算法，为了便于比较，二者除了算法不同，被控环节、给定环节与仿真运行条件均相同。

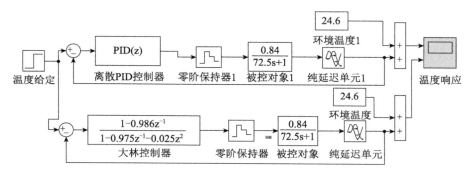

图 5-8　上光机干燥控制系统仿真模型

5.5　仿真系统运行结果

5.5.1　基于 Smith 控制算法的干燥仿真

在仿真软件中采用龙格库塔的定步长解算方法，来运行如图 5-5 所示的仿真模型。当上光机干燥控制系统在控制器的作用下，被控参数运行稳定时，记录系统分别在数字 PID 和 Smith 两种控制算法作用下的热风温度响应曲线，如图 5-9 所示。数字 PID 的几个控制参数是采用试凑法而得到的，综合考虑了温度被控参数的超调量、调节时间和稳态误差等几方面的影响，反复调试数字 PID 的控制参数，最后得到系统比较理想的参数 $K_P = 0.7$, $K_j = 0.0001$, $K_d = 0$。为了增加两种算法控制效果的可比性，Smith-PID 复合控制策略中的 PID 控制参数与数字 PID 的控制参数是一致的，前者增加了 Smith 预估补偿器。由图 5-9 可以看到，干燥系统采用数字 PID 的温度响应曲线的超调量为 38%，而干燥系统采用 Smith-PID 复合控制策略的温度响应曲线超调量为零，稳态误差为零，同时大大缩短了参数调节时间，温度响应曲线在300s时就无静差跟随了给定温度信号。由此可知，对于纯滞后对象而言，增加了 Smith 补偿器的控制算法相比于单纯的数字 PID 算法控制效果有很大的提高。Smith 预估补偿器的控制原理是把原系统中的纯滞后因子用控制算法的形式补偿来抵消掉，将滞后补偿环节与数字 PID 算法进行叠加，二者相复合作用在纯滞后对象上。在 Smith-PID 复合控制策略的作用下，系统的闭环传递函数中消除了滞后因子，使系统减小了被控参数响应中滞后环节对各控制指标（如超调量、调节时间）的不良作用。

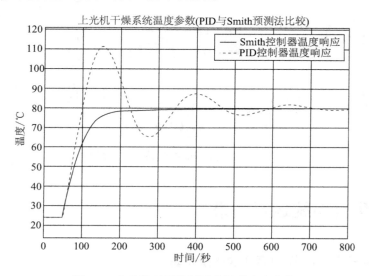

图 5-9　上光机干燥控制系统温度响应曲线

5.5.2　基于大林控制算法的干燥仿真

在仿真环境中运行如图 5-8 所示的仿真模型。水性上光机干燥系统的温度参考输入为阶跃信号，信号动作时间为 0s，设定初始温度为环境温度 24.6℃，目标温度为 150℃，计算机控制系统的采样时间为 1s，将系统仿真时间设为 1000s。分别调节大林算法控制器与 PID 控制器的控制参数，使温度响应平稳并达到预期值。经实验调试，得到 PID 的具体控制参数 $K_p=1$，$K_i=0.015$，$K_d=0$。该系统的温度响应曲线可由仿真系统中输出的示波器得到，如图 5-10 所示。

在图 5-10 中，上半部分为数字 PID 算法控制的温度响应曲线，下半部分为大林算法控制的温度响应曲线。由于被控对象含有纯滞因子，响应曲线纯延迟时间为 40s。由响应曲线可知，大林算法有效地消除了温度的超调量，稳定达到给定值的时间相对于 PID 算法更短。系统在 PID 控制作用下有明显的超调量，并且调节时间较长。由二者的控制效果可知，对于水性上光机干燥设备控制系统而言，由于其纯滞后特性，大林算法对温度控制更加有效。

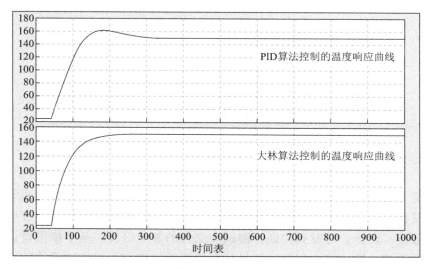

图 5-10　基于 PID 算法及大林算法的上光机干燥控制系统温度响应曲线

参考文献

[1]　何克忠 . 计算机控制系统 [M]. 北京 : 清华大学出版社 .2015:259-272.

[2]　唐凡森 . 凹版印刷机热风型干燥系统的智能控制装置设计 [D]. 杭州 : 浙江大学，2016:259-272.

▶▶▶ 第6章

干燥系统的实现与试验

6.1 基于可编程逻辑控制器的干燥系统

6.1.1 基于模型设计的 PLC 的干燥系统

基于模型设计（Model-Based Design, MBD）方法是以模型为焦点进行系统开发和设计，在项目开发的全流程中围绕着系统模型这一核心，打通了从需求分析、设计、开发到验证、测试和交付的各个阶段。基于模型设计方法的主要步骤，第一需要利用计算机仿真构建系统模型，来描述系统的行为和结构；第二针对此模型，利用代码生成技术产生可在嵌入式 CPU 或其他可编程硬件上运行的代码。与传统的系统开发方法相比，基于模型设计方法大大减轻了技术人员的软件开发负担，缩短了系统软件的实现过程，可以把更多的精力放在系统设计、控制策略研究、硬件设计及调试环节。如果在系统后期实现过程中出现了问题，还可以返回系统模型调整设计方案，使研发效率提高。由于代码自动生成功能是依照程序标准格式由仿真系统来实现的，相对于手写代码，其错误更少，系统更加安全可靠。基于上述优点，该设计方法被广泛应用于航空航天、机器人、汽车、冶金、电力电子等领域[1~6]。鉴于基于模型的设计在印刷包装领域的系统设计上还比较少见，本书利用此方法在印刷包装行业的系统设计上进行了有益的尝试。

在印品上光后进行干燥的过程中，由于印品材料、涂布幅宽、上光厚度、印品传输速度、送风速度、温度期望值等这些具体生产因素的不同，使干燥对象发生改变。上光干燥系统因其被控对象的改变，其控制策略和控制参数的设计与调节变得更加复杂。传统系统研发方法具有开发周期长，可更改性差的特点，约束了在干燥系统中对一些先进控制策略的尝试与应用，也阻碍了印刷机上光干燥控制系统的进一步发展。将基于模型的设计方法引入上光机干燥系统的研发中，根据干燥参数和工艺要求的不同而改变控制器的控制策略及参数，极大缩短了产品研发周期，并优化干燥控制系统的开发流程。本书在研究水性上光油干燥系统的工作原理基础上，设计了基于可编程逻辑控制器（Programmable Logic Controller，PLC）的干燥控制系统硬件，采用模型设计方法开发了系统软件，提出了针对干燥系统中温度参数滞后特性的控制策略，并应用于该系统。

通常，研发基于可编程硬件的控制系统若采用传统的系统开发方法，要求设计人员应具有较强的软件开发能力，能够实现复杂控制算法的编写，而且系统的控制参数需在被控对象实际运行的现场调试才可获得合理值，如果调试不当，控制参数不合理，还可能造成不可估计的损失。而基于模型设计方法开发的控制系统软件有效地克服了上述缺陷，因为此方法中应用的仿真模型是基于实际系统正常运行时的状态设计的，从而控制策略及具体参数与工程系统更符合，使开发与调试控制系统周期变短。采用模型设计方法在仿真运行中容易得到合理的控制器参数，仿真模型与实物系统越接近，可编程控制器对实际系统的调节效果就越优良，因控制策略不得当或参数不合理造成的系统运行危害可能性就更小，更高效地提高了系统的安全性。本书第 5 章中的干燥模型建立与系统仿真，为本系统采用模型设计方法搭建了理论分析与系统开发基础，为可编程控制器软件系统设计提供了控制策略的程序原型。

6.1.2　模型设计法的 SCL 代码

本书中 PLC 作为核心控制器的上光机干燥控制系统采用了基于模型的设计方法。该系统基于模型设计方法的具体实现步骤：（1）在仿真环境中调试并成功运行上光机干燥仿真系统；（2）将仿真系统的干燥控制策略转换成 S7-1500（西门子 PLC）中可运行的软件代码；（3）将代码程序进行修改调试后加载在 PLC 中，进行上光机干燥箱的温度控制，完成上光油干燥过程。根据实际系统运行情况与上光干燥质量，来校验系统仿真模型的准确性及控制效果，修正和改进仿真与实际系统。本系统选择的目标 CPU 是 S7-1500，仿真软件集成开发环境 IDE 支持 S7-1500 的编译，可生成 PLC 相应的程序代码。在仿真运行过程中为了解决代数环问题，将 Smith-PID 复合控制策略拆成两部分，一部分是数字 PID 仿真子模块，另一部分是 Smith 预测控制器仿真子模块，用于消除被控对象的纯滞后特性。

由水性上光机干燥控制仿真系统中的 Smith 控制策略是基于离散系统设计的计算机控制算法，但输出的控制量即碳加热板的电源信号，其幅值为连续形式。基于 PLC 的上光机干燥控制实物系统中的输出控制量是作用在中间继电器上，借助中间继电器的通断来控制电源的导通，所以需要把仿真系统中生成的控制量调整为中间继电器可接受的形式。PLC 干燥系统通过继电器的开合来控制碳加热源的工作功率，从而调节干燥箱中热空气的温度，实现上光油的快速干燥。根据 S7-1500 上光机干燥系统 PLC 控制器的硬件配置情况，调整仿真系统 Smith-PID 复合控制策略的控制量，输出形式为脉宽调制 PWM（Pulse Width Modulation）脉冲序列，与 PLC 的数字量输出 DQ 形式相一致。另外，为了实现从仿真环境到实际控制系统的转变，需要在仿真系统和 PLC 编译环境中进行一些相应的设置，如在仿真系统中增加一些专用的数据类型转换模块，以便使由仿真系统得到的程序代码中控制量的数据类型与 PLC 实际系统控制输出类型一致。

6.1.3　S7-1500 控制软件

运行水性上光机干燥控制仿真系统，调节 Smith-PID 复合控制参数，当控制参数平稳运行无静差跟随给定信号达到干燥需求后，仿真系统调试完毕。运行该系统控制器子模块代码生成与编辑功能，得到相应的 S7-1500 的 SCL 代码文件，并对其进行检查和测试。在 PLC 的开发环境载入控制策略的代码程序，根据系统相应硬件配置进行修改，设计成温度控制的 Smith 算法 FB 函数块，并在 PLC 程序的程序块 OB 中进行调用，与 PLC 其他功能的 LAD 代码相结合，实现上光机的干燥系统控制。基于 PLC 核心控制器的上光机干燥箱软件系统工作流程如图 6-1 所示。

6.1.4　PLC 硬件控制系统的调试

6.1.4.1.　S7-1500 控制系统的调试

上光机干燥控制系统的 PLC 硬件中添加了一个 PM 电源模块，将 220 V 交流电转换为 24 V 直流电，PM 模块输出 24 V 的端子分配如图 6-2 所示，端子 1 和端子 4，端子 2 和端子 3 内部连接，端子 1、4 与端子 2、3 共同构成 24 V 直流输出，端子 5 为开簧器，端子 1 ～ 4 都具有一个开簧器。

图 6-1 基于 PLC 核心控制器的上光机干燥箱软件系统工作流程

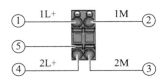

图 6-2 电源模块的端子分配

根据 S7-1500 各个模块的相关参数可知，CPU、DI、DQ、AI 均为 24 V 直流供电，并且 24 V 的直流供电电源正极接 L+，负极接 M。图 6-3 所示为 S7-1500 控制系统供电情况。

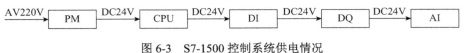

图 6-3 S7-1500 控制系统供电情况

本研究使用的 CPU 有一个显示面板和若干操作按钮，分为总览、诊断、设置、模块、显示五个功能块，通过"↑""↓""←""→""ESC""OK" 6 个按钮进行操作。该 CPU 带有一个双端口的 PROFINET 接口，用于接上位机和触摸屏。因此在本系统中，总共有 3 个 IP 地址，分别为 PC、PLC 和 HMI 的 IP 地址，为了保证 PC 与 PLC，PC 与 HMI 及 PLC 与 HMI 相互之间的通信联系，在设置 IP 地址时，需前三段一致。

在数字量输入模块中，端子是共 M 的。在本研究中，采用了 8 个按钮进行数字量输入，分别连接了 1 ～ 8 号端子，公共端连接的是 L+。

在数字量输出模块中，数字量输出是共 L+ 的。在本研究中，采用了 5 个数字量输出，4 个指示灯，1 个中间继电器，分别连接了 11 ～ 15 号端子，公共端连接的是 M。

在模拟量输入模块中，电流与电压都可以作为模拟量输入，在本研究中，采用的是电压输入与两线制变送器的电流输入，在本研究中，前者连接的是通道 5 的 22 号、23 号端子，后者连接的是通道 1 的 1 号、2 号端子。

6.1.4.2　输入环节的调试

上光机干燥控制系统的输入既有温度传感器、风速传感器等模拟量输入，还有按钮等数字量输入。

（1）模拟量输入

本系统用来采集温度信号时，温度传感器与温度变送器需一起使用，温度采集接线如图 6-4 所示，电源正极连接 1 号端子，负极连接 2 号端子。

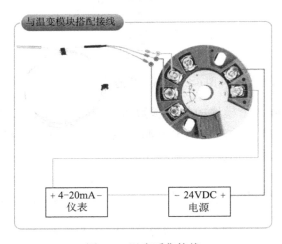

图 6-4　温度采集接线

（2）数字量输入

本系统使用的按钮型号为 LA128-L12A，有 5 个引脚，只需要连接公共端与常开触点即可，无正负极之分。按钮实物图与主视图如图 6-5 所示。

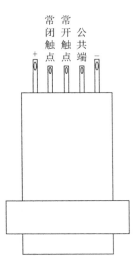

常 常
闭 开 公
触 触 共
点 点 端
+ 点 点 端 −

图 6-5　按钮实物图与主视图

6.1.4.3　输出环节的调试

本系统中输出全为数字量输出，输出机构为指示灯、中间继电器与加热板。

（1）指示灯

本研究采用的发光二极管工作电压在 2 V 左右，工作电流在 15 mA 左右，而 DQ 模块端子输出电压为 24 V，所以需要串联一个大电阻来保证二极管处于工作电压。

令所加电阻的阻值为 R，发光二极管的电压 $U_1=2V$，回路中的电流等于二极管的电流，即 $I=I_1=15\times10^{-3}$ A，总电压则为 DQ 的输出电压，即 U=24V。根据串联电路中电压的规律，总电压等于各部分电路的电压之和，最后可算得所串联电阻 R 约为 1467 Ω。

实验室中的各种电阻如表 6-1 所示。

表 6-1　实验室中的各种电阻

序号	色环	阻值 / kΩ	误差
1	棕红黑红棕	12	1%
2	灰棕黑棕棕	8.1	1%

续表

序号	色环	阻值 / kΩ	误差
3	绿棕黑棕棕	5.1	1%
4	橙黑黑棕棕	3	1%
5	红黑黑棕棕	2	1%
6	棕黑黑棕棕	1	1%

为了保证发光二极管正常工作，应选用色环为红黑黑棕棕、阻值为 2 kΩ 的电阻。与数字量输入模块连接时，应注意二极管的正负极，长为正、短为负。

（2）加热板

在水性上光油干燥控制系统中，通过中间继电器来控制加热板。当控制器有输出时，水温上升，即可判断加热板、中间继电器输出正常，皆可以使用。加热板的功率为 900 W，工作电压为 220 V。PLC 的数字量输出模块电压为 24 V，不能直接驱动加热板，需利用中间继电器传递控制信号与隔离交、直流设备。

本研究选择了型号为 JZX-22F(D)/4Z 的 14 脚的中间继电器，其端子分配如图 6-6 所示。1 ～ 12 号端子的承受电压为 24 V，1 ～ 4 号为常闭触点，5 ～ 8 号为常开触点，9 ～ 12 号为公共端，13 号、14 号端子连接 220 V 线圈。在本研究中，与 DQ 模块连接的是 6 号和 10 号端子，与加热板连接的是 13 号和 14 号端子。

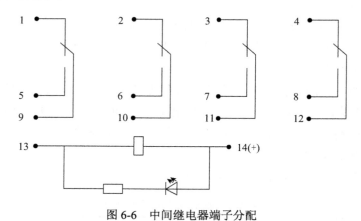

图 6-6　中间继电器端子分配

6.2　基于树莓派控制器的干燥系统

6.2.1　Python 语言

在本节中，采用树莓派 4B 为控制核心设计与实现水性上光机干燥控制系统。干燥系统的温度传感器采用 MLX90614 红外温度传感器，并进行模数转换，控制系统的加热板执行元件通过继电器控制，继电器模组采用直插方式连接到树莓派 4B 主板。同时，树莓派 4B 分别通过 USB3.0、蓝牙、HDMI 等接口与其外设鼠标、键盘、显示屏等部分相连。

本系统的软件部分采用 Python 语言进行开发。作为面向对象的 Python 语言，是一种功能较完善、便于理解的解释性语言，具有丰富的标准库，是免费、开源的自由软件，可移植性强，可在多个平台如 Linux、Windows 等系统使用。基于上述优点，选择 Python 作为水性上光机干燥控制系统的软件开发平台，采用程序开发环境 IDLE 工具 Thonny 进行基于 Python 语言的干燥控制系统软件设计与实现。

6.2.2　搭建软件平台

Raspbian OS 是针对树莓派硬件进行了优化的基于 Debian Linux 的操作系统，该系统内建大量预编译软件包，包含 C/C++ 编译器和 Python 解释器等开发环境，并提供了丰富的例程，便于在树莓派上安装与二次开发。

安装 Raspbian OS 到树莓派主板，可以先通过 PC 机对 SD 卡进行格式化，并下载官方安装程序到 SD 卡，然后将其插入树莓派中准备使用。将树莓派与其外设键盘、鼠标、显示屏等进行硬件连接，接通电源后，Raspbian OS 经过简单设置就可以运行。

除了直接通过连接到树莓派的外设和显示器使用树莓派的硬件外，也可通过 VNC（Virtual Network Console）实现树莓派 4B 与 PC 之间的远程连接，允许使用者通过网络共享树莓派桌面。VNC 分为 VNC 服务端和 VNC 客户端。在树莓派上安装并运行 VNC Server，在 PC 上运行 VNC 客户端，通过 IP 地址连接树莓派的 VNC Server 后，可实现 PC 对树莓派的远程访问，如图 6-7 所示。

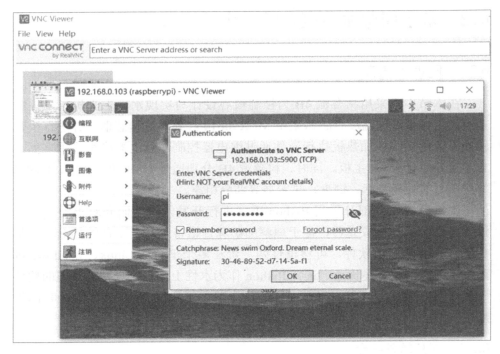

图 6-7　VNC 远程访问

6.2.3　主程序设计

　　水性上光机干燥设备控制系统的软件主要包括温度信号采集与处理、控制算法计算和控制量输出三个模块。图 6-8 所示为基于树莓派的上光机干燥控制系统的主流程图。首先设定干燥温度期望值，主循环是通过温度传感器采集温度信号并进行 A/D 转换，得到当前温度反馈值，该值与设定温度值经过大林算法运算之后得到控制量，根据控制量通过继电器来控制碳基热源的通电与断电，改变发热板的发热功率，从而调节干燥箱热风温度。

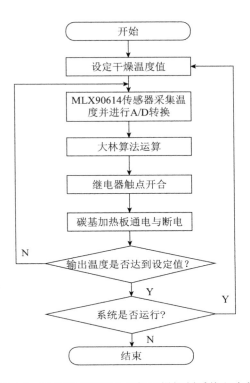

图 6-8　基于树莓派的上光机干燥控制系统主流程

6.2.4　大林算法程序设计

本书第 5 章给出了应用大林算法的干燥箱温度控制公式，并确定了控制策略的参数 a、b、c、d，本章中利用 Python 实现了大林算法。图 6-9 所示为基于大林算法的上光机干燥控制系统温度控制流程图。首先设置目标温度及控制算法参数，并进行参数的初始化设置。根据传感器返回的实时温度，计算与目标温度的误差，执行大林控制算法，得到控制信号并输出给执行机构，驱动系统的加热装置。数据移位，更新算法中的历史数据。检测当前温度是否达到了控制目标，若未达到，则继续重复上述采集控制流程；若达到温度期望值，可选择结束运行或重新设定温度。

基于 Python 语言的大林算法部分程序如图 6-10 所示。

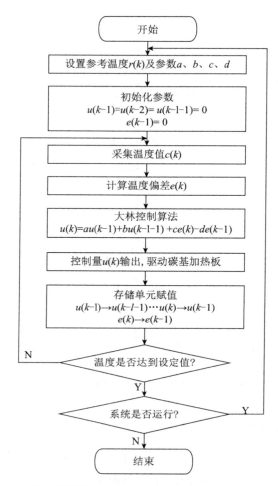

图 6-9　基于大林算法的上光机干燥控制系统温度控制流程

```
Dahllin.py ✕
19        # Dahllin算法的表达式
20     self.DaLin_u = b0*self.last_DaLin_u + b1*self.last_DaLin_u1 + a0*s
21     self.DL_last_error = self.DL_error
22     self.last_DaLin_u1 = self.last_DaLin_u
23     self.last_DaLin_u = self.DaLin_u
24     self.DaLin_result = self.DaLin_u
25        # 开始保温计时
26     if self.DL_error>=-0.6 and self.DL_error<=0.6:
27         self.DL_error=self.DL_error
28        # 离目标温度太大（实际温度过小）
29     if self.DaLin_result > 600:
30            # 限幅
31         self.DaLin_result = 1000
32        # 超过目标温度
33     if self.DaLin_result < 0:

Shell
Python 3.9.2 (/usr/bin/python3)
>>>
```

图 6-10　基于 Python 语言的大林算法部分程序

6.2.5　温度采集程序设计

水性上光机干燥控制系统采用 MLX90614 传感器作为温度传感器，其测温范围为 −70 ～ 380℃，满足干燥箱温度控制需求。MLX90614 传感器与树莓派 4B 通过 SMBus（System Management Bus）协议进行通信，主机为树莓派 4B，从机为 MLX90614 传感器。树莓派 4B 初始化时，主机会发送地址给从机，只有能识别到此地址后，温度传感器才会与之通信。在 MLX90614 接收到每 8 位数据后，回复 ACK 或者 NACK 信息，当为 ACK 时，表示接收到的信息无误；当为 NACK 时，表示接收到的信息有误，需要重新发送。若 MLX90614 没有反馈信息，树莓派 4B 将停止与之通信，并重新发送数据给传感器。SMBus 总线协议的数据包格式如图 6-11 所示。其中，协议数据包的字符描述如表 6-2 所示。

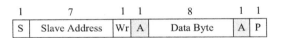

图 6-11　SMBus 总线协议数据包

表 6-2　数据包字符含义

序号	标识	具体描述
1	S（Start Condition）	开始条件位
2	Sr （Repeated Start Condition）	重复开始条件位
3	Rd (Read)	"读数据"位
4	Wr (Write)	"写数据"位
5	A(Acknowledge)	应答位，0 时表示 ACK，1 时表示 NACK
7	PEC (Packet Error Code)	错误数据包
8	Data Byte Low	低数据字节
9	Data Byte High	高数据字节
10	P（Stop）	停止位
11	SA（Slave Address）	从地址

续表

序号	标识	具体描述
12	Command	命令
13	白色方框	主机到从机信息
14	灰色方框	从机到主机信息

树莓派 4B 采用 SMBus 协议读取 MLX90614 数据的步骤：（1）主机树莓派 4B 发送给传感器 Start 信号，随后发送 8 位数据，即从机的 7 位地址与"写数据"位，当 MLX90614 接收到信息后，回复 ACK 应答信息。（2）树莓派 4B 发送 8 位 Command 命令给 MLX90614，红外温度传感器接收信息并回复 ACK。（3）树莓派 4B 发送 Repeated Start 重新启动信号给 MLX90614，发送 8 位数据，即从机的 7 位地址与"读数据"位，当 MLX90614 接收到信息后，回复 ACK 应答信息。（4）MLX90614 将寄存器中的数据发给树莓派 4B，树莓派 4B 每接收 8 位数据回复一个 ACK，温度传感器的数据由低字节与高字节组成。当树莓派 4B 收到传感器发送的 PEC 信号时，发送 ACK 和 STOP 信号给主机，则结束通信。树莓派 4B 采用 SMBus 协议读取 MLX90614 数据的时序如图 6-12 所示，程序流程如图 6-13 所示。

树莓派 4B 采用 SMBus 协议写入 MLX90614 数据的步骤：（1）主机树莓派 4B 发送 Start 信号给 MLX90614，随后发送 8 位数据，即从机的 7 位地址与"写数据"位，当 MLX90614 接收到信息后，回复 ACK 应答信息。（2）树莓派 4B 发送 8 位 Command 命令给 MLX90614，红外温度传感器接收信息并回复 ACK。（3）树莓派 4B 发送数据的字节低 8 位给 MLX90614，从机回复 ACK；树莓派 4B 发送数据的字节高 8 位给 MLX90614，从机回复 ACK。（4）树莓派 4B 发送 PEC 数据给 MLX90614，从机回复 ACK，当树莓派 4B 发送 Stop 信号时，结束二者通信。树莓派采用 SMBus 协议写入 MLX90614，数据的时序如图 6-14 所示，程序流程如图 6-15 所示。

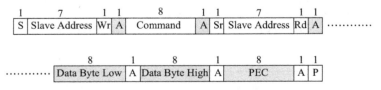

图 6-12　SMBus 协议读取 MLX90614 数据时序

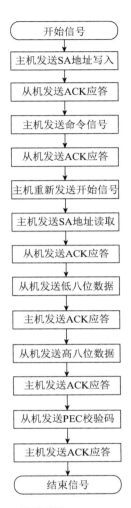

图 6-13　SMBus 协议读取 MLX90614 数据程序流程

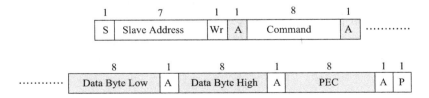

图 6-14　SMBus 协议写入 MLX90614 数据时序

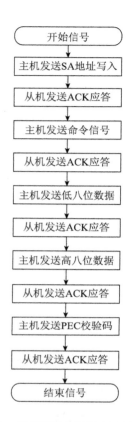

图 6-15 SMBus 协议写入 MLX90614 数据程序流程

采用 MLX90614 温度传感器检测上光机干燥温度的流程如图 6-16 所示。首先初始化 MLX90614 芯片，树莓派发送"Start"信号，如果 MLX90614 未收到信号，则回复 NACK 给树莓派，主机重新发送信号；若 MLX90614 接收到信号，则回复 ACK 给树莓派。接下来，树莓派发送 8 位命令信号给 MLX90614，从机得到应答后，主机再发送 7 位从机地址及"读数据"位。树莓派开始读取传感器温度信息，先读取低 8 位温度传感器信息，再读取高 8 位传感器信息，并将这些传感器数据保存在 RAM 地址为 TIOBJ1 的位置中。将由传感器读取的数据经过式（6-1）的转换，即为被测物的实际温度值。

$$T=（HData：LData）×0.02-273.15 \qquad （6-1）$$

式中，T 为被测物温度值，单位为℃；$HData$ 为读取的温度传感器信息的高字节；$LData$ 为读取的温度传感器信息的低字节。

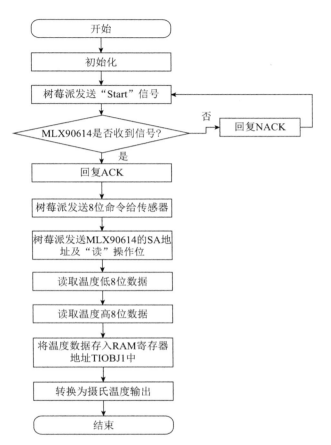

图 6-16　采用 MLX90614 温度传感器检测上光机干燥温度流程

基于 Python 语言的上光机干燥温度采集程序如图 6-17 所示。

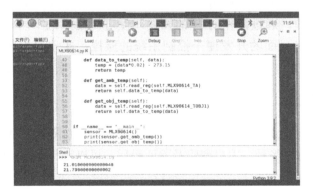

图 6-17　基于 Python 语言的上光机干燥温度采集程序

6.2.6 继电器控制程序设计

树莓派的继电器扩展卡有三路输出。继电器在输入端为低电平状态下工作：当树莓派的 GPIO 口输出为 0 时，继电器线圈导通触点状态发生改变，常开触点闭合，常闭触点打开。同时，继电器触点控制的外部电路导通，LED 显示导通的继电器通道。图 6-18 所示为基于 Python 语言的继电器控制程序，程序运行成功后，窗口显示继电器 Channel 1 的状态。

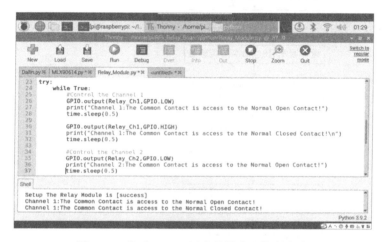

图 6-18　基于 Python 语言的继电器控制程序

6.3　上位机界面设计

图形用户界面 GUI（Graphical User Interface）令使用者的操作在图形的基础上更加便捷，通过操作 GUI 的控件，便可调用系统不同的功能，执行多样的指令。人机界面的开发便于控制系统的监控，实现更好的人机交互，本书选用跨平台的 C++ 开发框架 Qt 开发干燥设备控制系统 GUI。

6.3.1 登录界面

水性上光机干燥设备控制系统的 GUI 登录界面如图 6-19 所示。操作者通过输入正确的用户账号、用户密码及验证码后，可以进入系统 GUI 登录界面。

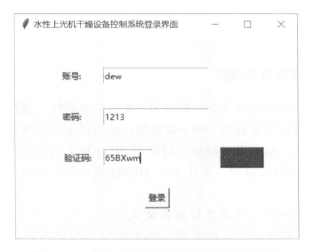

图 6-19　水性上光机干燥设备控制系统登录界面

6.3.2　温度设定界面

水性上光机干燥设备控制系统的 GUI 设定温度界面如图 6-20 所示，其中温度值设定为 299℃。

图 6-20　水性上光机干燥设备控制系统设定温度界面

6.4 基于树莓派的水性上光机干燥设备控制系统调试

6.4.1 硬件系统搭建与调试

水性上光机干燥控制系统以树莓派 4B 为主控器件，使用 MLX90614 红外温度传感器进行温度检测与模 / 数转换，采用树莓派继电器控制系统的碳基加热板执行器，继电器扩展板与树莓派 4B 主板采用直插方式连接。将树莓派 4B 通过 USB3.0 接口、蓝牙 5.0、HDMI 接口等方式与鼠标、键盘、显示屏等相连接。

6.4.1.1 MLX90614 红外温度传感器调试

MLX90614 传感器通过红外测温将电压信号转化为表示物体温度的数字信号，通过 SMBus 通信协议与树莓派 4B 进行通信。将 MLX90614 芯片的 VCC、GND、SCL、SDA 四个硬件引脚分别与树莓派 4B 的电源 3.3V、Ground、GPIO3、GPIO2 相连。SMBus 通信协议是基于 I^2C（Inter-Integrated Circuit）总线协议而设计的两线制总线，是一种 I^2C 通信协议简化版。使用 MLX90614 传感器进行温度检测前，需要打开 I^2C 接口。安装相应函数库，在树莓派终端运行 Python 的温度采集程序。图 6-21 所示为调试 MLX90614 传感器的程序运行结果，在加热板未加热时，利用 MLX90614 传感器测量所得的物体温度与环境温度相同，说明红外温度传感器工作正常。

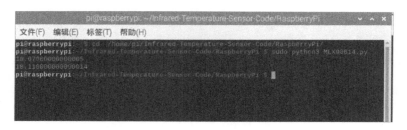

图 6-21 调试 MLX90614 传感器的程序运行结果

6.4.1.2 树莓派继电器调试

水性上光机干燥系统由树莓派运算输出，通过继电器模块控制加热板的运行。在调试继电器模块之前，配置好相应的库文件，运行继电器 Python 控制程序，通过树莓派的程序可以控制继电器模块的通道导通与关断，在其终端可以显示继电器通道的状态，继电器模块上的指示灯也会显示。图 6-22 所示为调试继电器模块的程序。

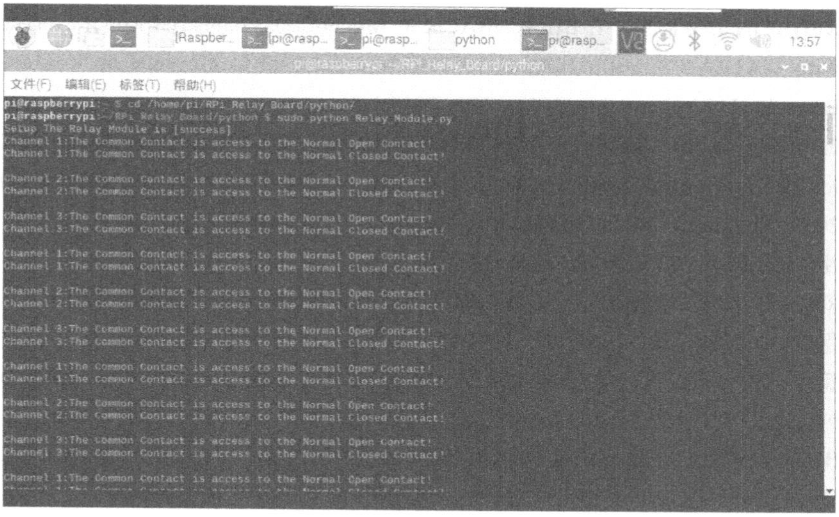

图 6-22 调试继电器模块的程序

6.4.2 系统综合调试与效果

6.4.2.1 综合调试

水性上光机干燥控制系统的综合调试，是指将组成系统的硬件与软件各部分逐一进行调试与运行。该控制系统的硬件调试包含核心控制器及其外设、信号采集部分、信号输出部分、执行机构，各部件之间的通信连接等。软件调试包含仿真模型及仿真系统的运行与调试；基于 Python 语言的系统控制程序编写与调试；GUI 界面调试。各环节调试完成，将系统组合完成并进行硬、软件综合调试，达到上光油干燥控制效果。

6.4.2.2 综合效果

通过上述过程，实现水性上光机干燥系统控制效果。通过 MLX90614 红外传感器检测温度干燥箱加热板的温度信息，经过控制核心树莓派的控制策略计算，借助继电器调控执行机构碳基发热板的运行，发热板温度稳定跟随温度给定值，通过 GUI 对水性上光机干燥系统进行监控，登录水性上光机干燥系统界面后，可以控制系统的运行与否，监控系统的状态，包括设定碳基发热源的温度给定值，也可以实时监测发热板的实际温度。

参考文献

[1]   REHBEIN J, WRUTZ T, BIESENBACH R. Model-based Industrial Robot Programming with MATLAB/Simulink[C]// 2019 20th International Conference on Research and Education in Mechatronics (REM), Wels, 2019:1-5.

[2]   PHILIPPE S, STEVEN D W, ANNEMARIE K, et al. Using Code Generated by MATLAB for the Mold Level Control System of a Continuous Slab Caster in ArcelorMittal Gent[C]// 2019 24th IEEE International Conference on Emerging Technologies and Factory Automation (ETFA), Zaragoza, 2019:1497-1500.

[3]   刘璋，吴朝俊，黄天鹏，等．基于模型设计的 SVPWM 调制策略研究 [J]. 国外电子测量技术，2019，38(12):74-79.

[4]   黄雷．基于模型设计方法的两级式光伏并网系统开发 [J]. 电气传动，2020, 50(11): 97-102.

[5]   BERGMANN A. Benefits and Drawbacks of Model-based Design[J]. KMUTNB International Journal of Applied Science and Technology, 2014，7(3):15-19.

[6]   DALTON W S, WAGNER F, BERGMANN A and BOCK B. Using MATLAB V&V-Toolbox for Target-Specific Model-Based Design, [C]//2018 Third International Conference on Engineering Science and Innovative Technology (ESIT), North Bangkok(TH)，2018:1-5.